圖解

五南圖書出版公司 印行

國際標準驗證
ISO 9001：2015實務

林澤宏、孫政豐 / 編著

閱讀文字

理解內容

觀看圖表

圖解讓
國際標準驗證
更簡單

推薦序1

　　生產系統的發展，是一個不斷進化的過程，隨著時代的更迭與科技的進步，生產理論也不斷的精進。企業需具備穩健的生產體質，從過去所強調的低成本與高品質，到具備多樣化與敏捷快速回應的生產能力，如今已再進化到具備兼顧環境關懷與社會責任的永續性企業體質，企業經營不只是需具備強健的生產能力，也同時必須達成節能與減少對環境衝擊，以及社會公平正義的目標，經營者具備符合各種規範的胸襟，奠基永續性的生產準備。現今的企業必須同時達成環境、社會與經濟的策略性目標，而且這樣的策略目標需要建立規範與落實到日常作業。

　　國際品質標準之規範，即是在引導企業邁向強化體質之目標前進，達成國際品質標準，不僅可提升企業的效率、降低成本、達成生產品質的要求，並能有效快速回應顧客的需求，取得競爭優勢。如今企業的生存已不再只是追求經濟效益為唯一的目標，此一企業品質規範已經擴及環境的關懷與社會公平正義的範疇，如何融合經濟、社會與環境的三大主軸，企業需要策略性地權衡與規劃，並需要有效落實到日常作業的具體方法。

　　企業體質的提升，不只是為取得之證書而認證，必須從策略的規劃，並落實到品質提升的日常作業規範。本書之特點在於將各種國際標準驗證，分成各種不同的認證單元，用圖解與表格的方式呈現，讓讀者一目了然，簡單易懂。ISO 9001:2015規範品質管理的原則，強調顧客導向，說明管理者如何領導，讓公司上下全員參與，注重流程導向與不斷的改善，並追求以證據為主的決策導向，且強化與利害關係人的管理。因此ISO 9001：2015證書呈現的是企業以客戶為中心，致力於提供一致性、高品質的產品。這是一全球公認的標準，確保品質實踐的最佳流程，有助於提高效率和推動持續改進。此一品質保證制度，綜合組織現有的管理工具，針對作業流程及風險管理做有系統的規劃，與指導如何導入PDCA循環，使業務流程更順暢及穩定，以提升績效，並達成提升企業信譽的目標。本書雖以ISO 9001: 2015為主要範圍，也一併介紹相關的其他國際標準認證，如ISO 14001 標準要求企業運營必須評估對環境永續性的影響，包括如何量化、監控和控制等議題，其目的在規範企業建立應有的環境管理系統，以提升其環境管理之績效。通過有效的管理自然資源、能源和廢棄物的使用，可提高企業形象和信譽，並爭取新客戶，與發現節約成本的機會。ISO 45001標準的主要目的是將員工視為企業的寶貴資產，應盡可能地強化工作場所的安全問題，消除工作職場的意外風險，確保企業對員工的尊重，達成企業責任與保持員工的動力，並遵守保護員工的法律規定與履

行義務。獲得ISO 45001認證可證明企業已實踐一個優異的職業健康和安全管理系統，從而降低事故發生與違反法規的可能性，並提高組織的整體績效。另外，本書亦簡介了ISO 50001的能源管理系統、ISO 14067的產品碳足跡的要求等等。

　　本書即是為協助台灣中小企業建立強化體質而撰寫的工具書與參考用書，書中鉅細靡遺提供台灣企業如何強化企業體質的作業規範，除了追求低成本的經濟目標之外，必須達成品質與永續性之要求。品質的提升先從建立品質意識開始，加上管理者的決心與執行力。品質規範的建立是基本入門要件，本書提供一個很好的彙整與整理，是推行品質管理的工具書。從供應鏈的觀點來看，品質的提升，除了企業自己本身生產系統的強化之外，也必須擴展到整體的供應鏈體系，台灣中小企業大多是許多大型企業的供應鏈系統夥伴，因應全球化的競爭，取得ISO認證是必經之路，推薦這本企業經營管理者取得國際品質標準淺顯易懂的參考用書。

張淶源

國立虎尾科技大學工業管理系教授兼院長

推薦序2

　　隨著數位科技的進步，資訊在網路上快速傳遞，透明化也越來越高，企業所擁有的競爭優勢往往只能持續短暫時間。波特說明有三種競爭策略：成本領導、差異化與集中策略。成本領導策略是說利用科技或較低的人力成本，以低價策略推出市場，但是這種策略競爭優勢很難持續，競爭對手只要降價或是降低生產成本很快可以取得價格優勢。而差異化則是利用產品功能或外型與服務等提出不一樣的產品，此時競爭對手想要學習開發新產品就需要一段時間，不一定很快追上。而差異化策略的基礎就是要做好品質管理。良好的品質管理才可以製造出優良的產品或服務，進而產生持續的競爭優勢。因此企業經營者在思考差異化競爭策略時，有必要將品質管理做有系統化的了解與學習。

　　管理的重點可以分為規劃、組織、領導與控制。其中管理控制非常重要，影響到我們對於任務的執行力，可分為事前控制、事中控制與事後控制。實務上我們往往都只注重在事後控制，也就是說當產品生產完了，再檢查產品品質是否符合規格，但是無法往回追蹤是哪個流程出問題，唯有導入良好的品管系統，完整紀錄每個流程的資訊，因此一旦某個流程出問題時，及時加以記錄就可以及早更正，甚至因為完整紀錄所有流程資訊，可以事先分析未來可能會有什麼問題，這就是事前控制。學習好品質管理系統，就可以做好管理控制，這也是閱讀本書重要的益處。

　　本書利用大量圖示與範例說明ISO品質管理系統要項，並結合策略管理的特性與品質管理概念：包括建立一致的目標、方向和參與，使組織能夠統合其策略、政策、流程及有限資源以達成目標。本書認為公司內的所有部門與組織成員在產品、服務、工作過程等方面的品質，應該擴及協同供應商也包括在內，這就是全面品質管理的內涵所在。因此本書的對象應包含在企業整個領域的工作者，並非只侷限在品管部門或是老闆而已。

　　本書分三大部分來探討：第一部分圖解讓讀者能快速有效了解ISO 9001品質管理系統要點條文與實務推動精神。第二部分重點條文4.0組織背景至條文10.0改進要求，啟發讀者融入工作生活化系統思維。第三部分附錄，附錄融合其他國際標準條文要求提供管理者明確推動ISO管理審查目標。本書著重實務與Case study的個案教學，透過大量重點圖表與實務說明，因此非常適合高中職與大學學生使用，也非

常適合實務界想深度了解ISO國際標準驗證，本人非常推薦這本品質管理系統之專書。

耿慶瑞
國立臺北科技大學經營管理系教授
兼校友聯絡中心主任

推薦序 3

　　製造型的企業要讓其購買者對其產品具有高優質品質的具體印象做法之一，就是要得到ISO認證。

　　產品確認是優質的情況下，企業的行銷或銷售部門才有機會在擬出正確的策略方式之下，把其產品順利推出。而要快速有效拿到ISO的認證，絕對需要一本很好的工具書。

　　這是一本非常實務性的ISO專書，書中不只包含了ISO條文的說明，更有例子加以輔佐，更重要的是用圖例方式，讓大家加深印象，畢竟圖形化的學習是讓讀者印象能更深刻的做法。

　　透過此書的研讀，相信對於企業要進入ISO的領域，體驗ISO的精神，將是件不難的事。

　　相信這本書的問世，將能夠帶動台灣製造業在品質方面更上一層樓！

李宗儒（濬紳）

國立中興大學行銷系教授

推薦序4

　　深感榮幸受邀推薦吾人為摯友林澤宏博士之著作《圖解國際標準驗證ISO 9001：2015實務》撰寫序文。蓋吾人才疏學淺，然悟出本書的獨特之處在於它跳脫出ISO介紹的傳統窠臼，讓大眾對於ISO介紹的刻板印象已不復見，取而代之是以生動活潑、言簡意賅的方式完美詮釋給每一位讀者。林博士是一位資歷頗深的科技管理菁英，他大膽蛻變結合產官學界並深入締結輔導，以多年的經驗累積與養分吸收才有本書的驚豔問市。

　　透過本書引導與實務經驗獲悉，無論任何產業的營運不外乎都與系統化與標準化的管理息息相關。身為智能時代的產品與企業領導人，面對產品高速的汰舊換新以及高品質低售價的競爭壓力，風險預測、管理、應對以及排除，都應達到即時性與有效性，讓生產製造過程中的每個環節與輸出都是一次性到位，降低生產中不良結果的成本。

　　除了透過風險管理的手段達到高品質的輸出之外，標準化的文件管理、審查以及計畫性的內部評核與稽查，也是ISO管理中過程輸入的重要環節。唯有透過標準化的製造才能組織系統化的管理結構，透過大數據分析將經驗值發揮到最大化，有效提高產品品質的最佳手段，阻止人為異常的發生，唯有智慧製造的模式才是最佳之道。

　　全書舉凡十個章節，筆者在學界與實務界任職已有多年經驗，爰以十分嚴謹的態度並系統性地將ISO的基本概念與實務的運用，循序漸進、深入淺出地詳加說明，為了使讀者更能夠取其精神與竅門，基於業界實務之所需，逐以圖文並茂方式逐條解釋箇中之重點，於每項條文解釋之後，導入「知識補充站」與「個案研究」，以便讀者充分了解與加深印象，然而這也是本書之主要特色之一，透過實務與個案教學的方式，對應每項條文的解析作為補充說明之用途，有別於坊間各類ISO相關之專業參考書籍，不但可做為ISO國際標準驗證的基本入門專書，也更適合產官學界想要了解ISO之新鮮人的參考專書。筆者擁有多年的ISO輔導經驗，深切體會到學術與實務之間存在的巨大鴻溝，深知讀者在業界實務中執掌管理的辛勞，爰以著作本書，盼讀者能按部就班，逐條閱讀，方為正道。

　　就ISO的本質而言，由於它本身具有其專業性，且涉及之範圍其廣度與深度頗

巨，因此清晰詮釋且內容完整的介紹，其工作難度誠屬頗高。筆者長期涉獵ISO管理之相關研究，對於原有ISO精神，亦多有新的啟發和領悟，為了符合社會各界之引頸期盼而著作本書。

最後，再次銘謝筆者林博士之受邀，吾人抱持著十二萬分之榮幸與最誠摯之謝意，撰寫此序。本書之完成，筆者箇中辛苦，備極辛勞，溢於言表，非親身經歷者，難以體會，故吾人大力推薦並讚揚本書成功圓滿上市。

廖學興

捷普綠點高新科技副總

 推薦序5

　　《圖解國際標準驗證ISO 9001：2015實務》，這本書是由三位專家學者精心著編，完全囊括企業所有品質管理基本原則，鏈結企業績效管理與永續發展之經營理念，將許多觀念的精華濃縮集結而成，文字條理清晰，內容簡單扼要、深入淺出地說明各章要義。

　　翻閱這本書，書中的分類及章節，除了能幫助讀者快速掌握要旨，且有別於其他書籍，透過重點圖解整理ISO 9001品質管理系統條文，使內容不顯單調枯燥，藉由實務說明，啟發讀者融入工作生活化系統思維，強調作業過程「全面品質管理」應該是包括所有會影響工作環境層面的品質，切中核心要點。

　　將許多品質管理系統觀點廣泛地應用在日常生活上。這是一本優質好書，深度廣度兼具，不論是學校師生、社會新鮮人，或是企業管理者，並不需要花太多時間，只要有一本好書，對於準備個案討論或應用在工作上皆能精準地掌握。

　　本書的好處是，不同於市面艱澀難懂的專書，藉由深入淺出的方式，讓讀者對國際標準驗證的發展與相關理論的內涵及技巧更快上手，如果您想要了解，但沒有時間修一門完整的課，本書是您的最佳選擇，《圖解國際標準驗證ISO 9001：2015實務》為一大知識宴饗，在此向您慎重推薦。

翁紹仁

東海大學工工系教授兼醫療系統聯盟計畫主持人

 作者序

國際化地球村時代的來臨，對一個國家與企業的人民福祉及產品優質化，成功創造了更好的機會。市場競爭激烈所伴隨的結果之一，正是極可能把以往潛伏的品質管理缺失暴露出來。

ISO品質管理系統要項強調七大管理原則，列舉其中@領導（Leadership）原則，所有階層的領導應建立一致的目標和方向，並創造使員工參與達成組織建置品質目標的友善環境，主要管理重點為：建立一致的目標、方向和參與，使組織能夠統合其策略、政策、流程及有限資源以達成目標。@員工參與（Engagement of people）則是組織所有人員要能勝任、被適宜授權即能從事以創造價值。對於有授權即能參與的員工，透過組織強化其員工能力以創造價值，主要管理重點為：有效率地管理組織，讓所有階層的員工參與，並尊重他們個體適切發展是很重要的。認知、授權並強化技能和知識，促進員工的參與，以達成組織的目標。

公司內的所有部門與組織成員在產品、服務、工作過程等方面的品質管理，應該擴及協同供應商。如果以服務角度，換成消費者的觀點來看，除了產品品質管理外，組織所強調之作業過程「全面品質管理」，應涵蓋所有會影響工作環境層面的品質，此可延伸融合至其他國際標準驗證，如ISO 13485、ISO 14001、ISO 27001、ISO 45001、ISO 50001、ISO 56000等管理系統也應包含在內。

自1987年至2015年，歷經5次改版，這次新版ISO 9001:2015可謂是集說、寫、做之大成，其規範已經完全囊括企業所有品質管理基本原則，鏈結企業績效管理與永續發展之經營理念。

推動ISO一致性要求認為「始於日常，終於日常」。近年縱觀臺灣、大陸、日本等中小企業，其內外部組織環境差異不大，但是產品品質與服務品質卻決然迴異，或許有人認為是人的問題，或者是民族性使然爾爾，但作者群始終認為ISO 9001品質系統建立制定良窳才是最大主因。對於企業經營與ISO 9001品質系統建立，反思如何深化至工作生活化才是首要，因為「一流人才放在二流系統，就會有二流產出；反觀若是二流人才放在一流系統，則往往會有一流人才與產品產出。」

本書最大的宗旨就是從實務角度與國際標準規範基本要求出發，由淺入深圖解ISO 9001，導入實務心法撰寫而成。藉由簡單可行的文件化資訊深化進入企業日常管理，和讀者分享如何學習將制式的ISO 9001規範轉換為實務做法，對ISO 9001之實務推動與學術教學能有所提升。

最後，感謝求學中的恩師良友暨王正華主編於編撰期間對圖文稿諸多提點，同

時一併在此致謝五南出版社編輯校稿同仁的辛勞。本書配合企業實務推動需求提供許多實用可行的跨管理系統融合對照文件範例，若有疏忽掛漏之處，仍有待亦師亦友專家學者的賜教指正，期許後續ISO種子師資培訓更加完整。

林澤宏、孫政豐
iesony88@gmail.com
Line id:iesony88

本書目錄

第 ❶ 章　國際標準介紹

第 ❷ 章　品質管理系統要項

本書目錄

本書目錄

本書目錄

第 9 章　績效評估

本書目錄

本書目錄

第 1 章

國際標準介紹

●●●●●●●●●●●●●●●●●●●●●●●●●●●● 章節體系架構 ▼

Unit 1-1
品質管理系統簡介

中小企業推動品質管理系統範圍,依公司場址所有產品與服務過程管理,輸入與輸出作業皆適用之。列舉電動自行車產業包括一階委外加工供應商、客供品管理、風險管理與品質一致性車輛審驗作業等。

中小企業為確保組織環境品質系統之程序及政策得以落實,有效的執行品質保證責任,以滿足客戶之需求,達成公司之目標與品質政策,需制訂文件程序化。品質管理系統定義,即為落實公司品質管理而建立之組織架構、工作職掌、作業程序等並將其文件化管理。

一般中小企業品質系統依據當地政府法令與ISO國際標準規範要求,以追求客戶滿意需求過程導向、公司之品質政策制定之,其文件架構一般採四階層文件來進行整體組織程序文件規劃。各部門依據品質文件系統架構及權責分工,制訂各類品質文件,部門間程序文件互有牴觸時,以上階文件為管理基準。

品質管理系統之執行,組織部門各項文件須有管制,且分發至各相關部門依此品質管理系統規定有效確實執行。各部門於執行期間若遇執行困難或是更合適之作業方式時,得依其「文件管制程序」之原則方法提出修訂。

品質管理系統之稽核,可由管理代表依公司內部稽核程序,指派合格稽核人員,進行實地現況查核。稽核後,對於不合事項應提書面報告交由該權責部門進行矯正再發管制程序辦理。

一般程序文件架構——四階層文件

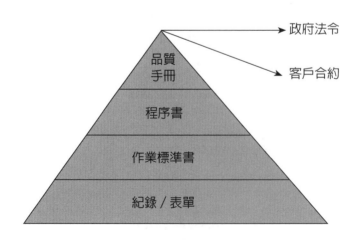

圖解ISO 9001:2015國際標準品質管理系統圖（中英文對照）

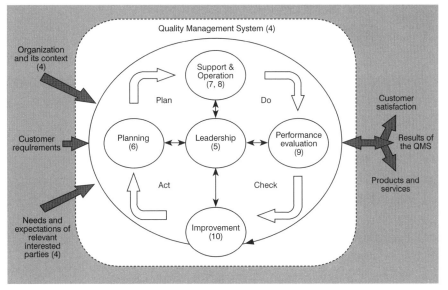

國際標準參考https://www.iso.org/standard/

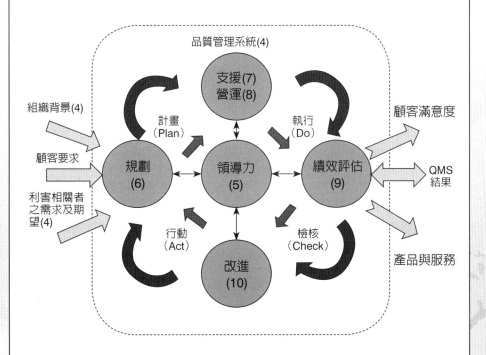

Unit 1-2
品質管理系統ISO 9001:2015

ISO 9001品質管理系統標準，經過多年的市場驗證，並透過ISO國際組織的檢視，於2015年9月發布FDIS全新版ISO 9001:2015條文。本次內容變化幅度較大，也是近十年ISO變動最大版本，對企業推動ISO國際標準衝擊最大、影響深遠。而導入新版ISO 9001:2015預估可帶給企業六大好處：

1. 將經營管理與品質管理，落實日常重點管理結合。
2. 強化品質經營，提升績效管理。
3. 強化經營規劃：包括風險評估與經營環境變遷納入系統管理。
4. 運用整合系統打造組織核心經營體系。
5. 高階經營者領導承諾投入（Commitment and engagement）與員工認知與職能提升（Awareness and competence）是新版成功基礎。
6. 具彈性適合於複數管理系統標準之融合。

鼓勵所有中小企業完成ISO專案改版活動。本書除著重於條文解說，採先以系統發展為基礎，同時提供圖表與個案式內容輔助解釋作為學習入門與企業人才培育所需，最後實務個案依企業組織使用上針對系統驗證與經營提出可行方案，藉以創造組織經營效益。幫助企業組織掌握條文標準要點，提升企業競爭力。

ISO是國際標準組織（International Organization for Standardization）之簡稱，於1947年2月正式成立，其總部設在瑞士日內瓦，成立之主因是歐洲共同市場為了確保流通全歐洲之產品品質令人滿意，而制訂世界通用的國際標準，以促進標準國際化，減少技術性貿易障礙。

回顧1987年，ISO 9000系列是一種品保認證標準，由ISO/ TC 176品質管理與品質保證技術委員會下所屬SC2品質系統分科委員會所編訂，於1987年3月公布。ISO 9000系列是由ISO 9000、ISO 9001、 ISO 9002、ISO 9003、ISO 9004所構成，是一項公平、公正且客觀的認定標準，藉由第三者的認定，提供買方對產品或服務品質的信心。減少買賣雙方在品質上的糾紛及重複的邊際成本，提升賣方產品的品質形象。

ISO 9001品質管理系統是ISO管理體系中最基本國際標準要求，應用範圍最廣、發證量最多的國際標準證書，從1987年發布了第一版，1994年第二版，2000 年第三版，2008年第四版。

組織除了考量全面品質管理效益，執行品質系統應在乎改善經營績效，故在ISO 9001:2015中於0.1 General章節中已納入考量：A robust quality management system help an organization to improve its overall performance and forms an integral component of sustainable development initiative.

ISO 9001:2015國際標準品質管理系統圖（個案參考例）

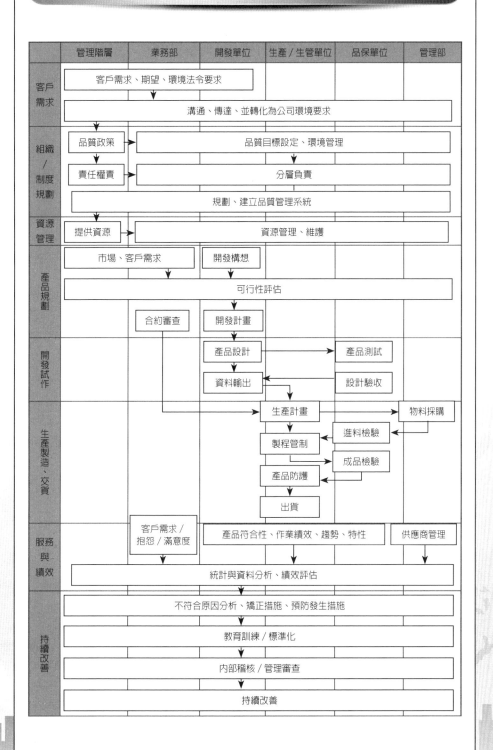

	管理階層	業務部	開發單位	生產/生管單位	品保單位	管理部
客戶需求	客戶需求、期望、環境法令要求					
	溝通、傳達、並轉化為公司環境要求					
組織/制度規劃	品質政策	品質目標設定、環境管理				
	責任權責	分層負責				
	規劃、建立品質管理系統					
資源管理	提供資源	資源管理、維護				
產品規劃	市場、客戶需求		開發構想			
	可行性評估					
		合約審查	開發計畫			
開發試作			產品設計		產品測試	
			資料輸出		設計驗收	
生產製造、交貨				生產計畫		物料採購
					進料檢驗	
				製程管制		
					成品檢驗	
				產品防護		
				出貨		
服務與績效		客戶需求/抱怨/滿意度	產品符合性、作業績效、趨勢、特性			供應商管理
	統計與資料分析、績效評估					
持續改善	不符合原因分析、矯正措施、預防發生措施					
	教育訓練/標準化					
	內部稽核/管理審查					
	持續改善					

Unit 1-3
環境管理系統ISO 14001:2015

　　ISO 14001:2015規定組織可以用來提高其環境績效的環境管理系統的要求，旨在供組織尋求以系統化方式管理其環境責任的使用，從而有助於實現可持續發展的環境支柱。

　　ISO 14001:2015為環境幫助組織實現其環境管理系統的預期成果，組織本身和相關方提供價值。根據組織的環境政策，環境管理體系的預期成果包括：提高環境績效、履行合乎法規義務、實現環境目標。

　　ISO 14001:2015適用於任何組織，無論其規模、類型和性質如何，適用於組織認為它可以控制的活動、產品和服務的環境方面或考慮到生命週期的影響。ISO 14001:2015是實現環境管理系統，沒有規定具體的環境表現標準。國際標準參考見以下網址：https://www.iso.org/standard/60857.html。

　　台灣松下電器公司政策曾宣示，公司自覺環境使命在於善盡企業社會責任，從推動環境管理系統開始，即藉由ISO 14001精神，以預防污染、持續改善、塑造綠色企業、生產綠色商品、滿足顧客需求，對內追求提高競爭力、對外提升企業形象以及拓展商機，實踐達成永續經營的環境目標。

　　台灣檢驗科技公司SGS高階管理者曾說，在台灣中小企業推動ISO 14001具顯著成功，證明此標準符合眾多台灣公司企業需求。透過實施環境管理系統可使企業組織對於自身環境管理運作，包括活動、產品與服務，有更深入的了解，也更能有效使用有限資源。更重要的是，藉由推動ISO 14001環境管理系統之循環運作，從執行活動中發現議題，進而解決問題，跨部門合作，達到持續改善，邁向提升競爭力之目標。因此推動實施環境管理系統，追求不只是獲得一紙證書，而是組織真正能從過程中持續改善，成就企業組織之永續發展與經營優勢，正向循環獲得客戶與消費者肯定與支持。

小博士解說　個案研究

2017年企業社會責任報告書中揭露，台橡要求合作夥伴應遵守當地法令不得強迫勞工、違反合法工時及薪資和福利。台橡對於供應商評選已包含ISO 9001、ISO 14001、RoHS（HSF）、QC 080000、OHSAS 18001及CNS 15506乃至於企業社會責任等重要指標，要求供應商遵守集會結社自由、禁用童工可杜絕強迫勞動等規範，以維護基本人權。2017年生產原料類供應商已有30家發行CSR報告。其中對2家原料供應商執行定期評估，結果並無違反事項。

ISO 14001:2015國際標準環境管理系統圖（個案參考例）

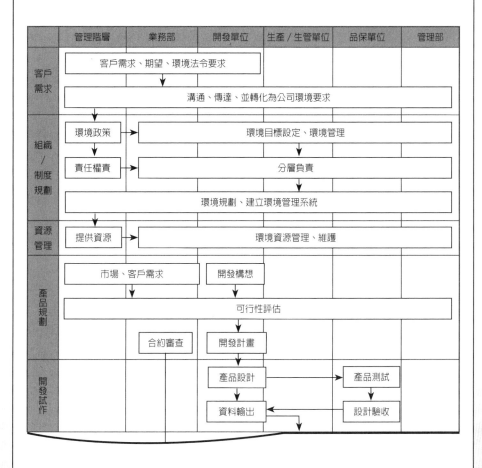

	管理階層	業務部	開發單位	生產／生管單位	品保單位	管理部
客戶需求	客戶需求、期望、環境法令要求					
	溝通、傳達、並轉化為公司環境要求					
組織／制度規劃	環境政策	環境目標設定、環境管理				
	責任權責	分層負責				
	環境規劃、建立環境管理系統					
資源管理	提供資源	環境資源管理、維護				
產品規劃	市場、客戶需求	開發構想				
	可行性評估					
	合約審查	開發計畫				
開發試作			產品設計		產品測試	
			資料輸出		設計驗收	

ISO 14001:2015通過廠商列舉

產業業態	產業學習標竿
橡膠業	建大輪胎、正新輪胎、中橡、台橡
塑膠業	介明塑膠（股）公司、胡連精密股份有限公司
金屬加工業	中鋼公司、豐祥金屬
化工業	東聯化學、臺灣中華化學、大勝化學
電信業	台灣大哥大、遠傳電信
運輸業	台灣高鐵、豐田汽車

Unit **1-4**
職安衛管理系統ISO 45001:2018

　　ISO 45001:2018是新公布之國際標準規範，全球備受期待的職業健康與安全國際標準（OH&S）於2018公布，並將在全球範圍內改變工作場所實踐。ISO 45001將取代OHSAS 18001，這是全球工作場所健康與安全的參考。

　　ISO 45001:2018職業健康與安全管理系統指引要求，為改善全球供應鏈的工作安全提供了一套強大有效的流程，旨在幫助各種規模和行業的組織。新的國際標準預計將減少世界各地的工傷和疾病。

　　根據國際勞工組織（ILO）2017年的計算，每年工作中發生了278萬起致命事故。這意味著，每天有近7700人死於與工作有關的疾病或受傷。此外，每年大約有3.74億非致命性工傷和疾病，其中許多導致工作缺勤。這為現代工作場所描繪了一幅清醒的畫面——工作人員可能因為「幹活」而遭受嚴重後果。

　　ISO 45001希望改變這一點。它為政府機構、工業界和其他受影響的利益相關者提供有效和可用的指導，以改善世界各國的工作者安全。透過一個易於使用的框架，它可以應用於專屬工廠和合作夥伴工廠和生產設施，無論其位置如何。

　　ISO 45001的制訂委員會ISO/ PC 283主席David Smith認為，新的國際標準將成為數百萬工人的真正遊戲規則：「希望ISO 45001能夠帶來工作場所實踐的重大轉變並減少全球範圍內發生的與工作有關的事故和疾病的慘痛代價」。新標準將幫助組織為員工和訪客提供一個安全健康的工作環境，持續改善他們的OH&S表現。

　　由於ISO 45001旨在與其他ISO管理系統標準相結合，確保與新版本ISO 9001（品質管理）和ISO 14001（環境管理）的高度兼容性，已經實施ISO標準的企業將有所依循與融合。

　　新的OH&S標準基於ISO所有管理系統標準中的常見要素，並採用簡單的「規劃－執行－查核－行動」（PDCA）模式，為組織提供了一個框架，用於規劃他們需要實施的內容，以盡量減少傷害的風險。這些措施應解決可能導致長期健康問題和缺勤的問題以及引發事故的問題。

　　國際標準參考見以下網址：https://www.iso.org/news/ref2272.html。

ISO 45001:2018（系統圖）

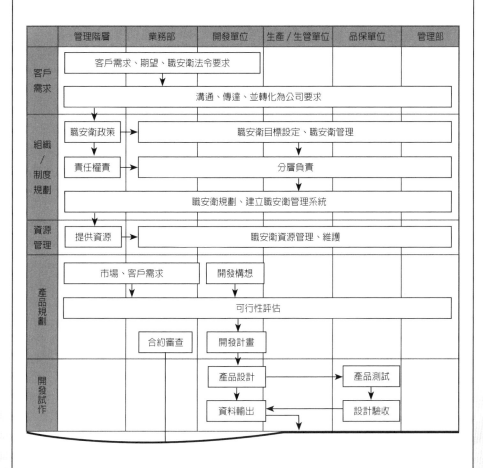

	管理階層	業務部	開發單位	生產／生管單位	品保單位	管理部
客戶需求	客戶需求、期望、職安衛法令要求					
	溝通、傳達、並轉化為公司要求					
組織／制度規劃	職安衛政策	職安衛目標設定、職安衛管理				
	責任權責	分層負責				
	職安衛規劃、建立職安衛管理系統					
資源管理	提供資源	職安衛資源管理、維護				
產品規劃	市場、客戶需求		開發構想			
	可行性評估					
		合約審查	開發計畫			
開發試作			產品設計		產品測試	
			資料輸出		設計驗收	

ISO 45001:2018通過廠商列舉

產業業態	產業學習標竿
金融業	玉山銀行、中國信託銀行
工程承攬業	中鼎公司
塑膠業	台灣積層工業股份有限公司
科技製造業	精遠科技、台灣櫻花、帆宣系統科技
電信業	中華電信行動通信分公司
醫院	桃園壢新醫院
學校	中原大學

Unit 1-5
驗證作業流程介紹

品質管理系統驗證步驟（以經濟部標準檢驗局為例）：

中小企業嚴謹透過ISO 9001驗證會讓組織更加蓬勃。無論組織想開拓國際市場或擴充國內服務版圖，驗證證書可協助組織對客戶展現品質的基本承諾。

一、透過內外部稽核定期追查可確保貫徹、監督和持續改善組織的管理系統。

二、驗證可使組織提高整體品質系統績效，並拓展市場機會。

三、驗證申請步驟如下：

步驟1. 準備申請資訊

步驟2. 正式申請

步驟3. 主導評審員文件審查與訪談

選派評審員負責審核所有申請文件，並評估其內容與ISO 9001標準要求的差異。並擇期赴組織現場進行免費之訪談活動以了解運作現況。訪談結果如果可以進行下一階段之正式評鑑，組織與主導評審員可一起決定評鑑最佳日期。

步驟4. 評鑑

正式評鑑將由主導評審員帶領評鑑小組執行。它包括對申請者之品質系統進行全面的抽樣，以查核實施的效果。

步驟5. 驗證確認

根據主導評審員的建議，將配合企業所提出之矯正計畫經過複審小組審核，正式確認後獲得證書，以正式公文通知查核結果。

步驟6. 持續年度追查

獲得驗證後，每年均有追查小組定期查核，以促進系統改進並確保系統符合標準要求。

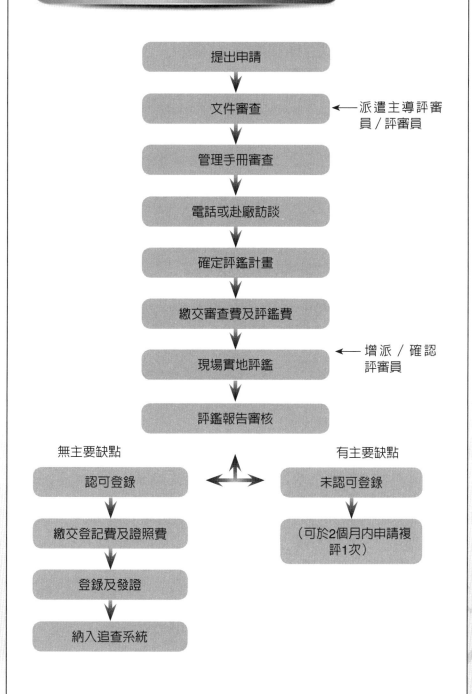

參照CNS一般性驗證流程

提出申請

文件審查　←─ 派遣主導評審員／評審員

管理手冊審查

電話或赴廠訪談

確定評鑑計畫

繳交審查費及評鑑費

現場實地評鑑　←─ 增派／確認評審員

評鑑報告審核

無主要缺點
認可登錄
繳交登記費及證照費
登錄及發證
納入追查系統

有主要缺點
未認可登錄
（可於2個月內申請複評1次）

Unit **1-6**
稽核員證照訓練介紹

ISO 19011:2011對管理系統稽核提供指導綱要，包括稽核原則、管理稽核計畫和進行管理系統稽核，以及參與稽核過程的個人能力評估指導，包括管理稽核人員計畫、稽核員和稽核小組。

ISO 19011:2011適用於所有需要對管理系統進行內部或外部稽核或管理稽核程序的組織。

ISO 19011:2011對其他類型的稽核應用是可行的，只要特別考慮所需的具體能力即可。

ISO 10019:2005為選擇品質管理系統顧問和服務提供之指導綱要，它旨在幫助組織選擇品質管理系統顧問。它對評估品質管理體系顧問能力的過程提供指導，並提供相信組織對顧問服務的需求和期望得到滿足的信心。

ISO合格證書與登錄作業是由各國家所成立的認證團體（Accreditation body）執行，如台灣TAF、日本JAB、韓國KAB、香港HKAS、中國大陸CNACR、澳洲JAS-ANZ、瑞士SAS、義大利SIT、德國TGA、法國COFRAC、英國UKAS、加拿大SCC、美國ANSI、美國RAB等認證機構。由認證機構依ISO規範稽核當地驗證機構（Certification body）。

當地中小企業產品驗證與ISO管理系統，由合格ISO驗證機構進行產品驗證、管理系統稽核與稽核人員訓練，一般稱之為第三者國際驗證單位，如SGS、AFNOR、B.V、BSI、DNV等驗證機構。

有關稽核員登錄作業，是合格稽核員國際註冊（IRCA）授證機構，位於英國倫敦，是國際品質保證協會IQA的分支機構，是客觀且獨立運作的機構。目前IRCA的稽核員登錄主要是針對品質管理、環境管理、食品安全、風險管理、職業安全衛生、資訊安全與軟體開發等管理系統的稽核員進行登錄。

一般稽核員的登錄要求可分為六大要件，包括品質經驗年資、專業工作經驗年資、學歷資格、稽核員訓練課程、實際稽核經驗與有利證明文件。

ISO 9001:2015品質管理系統——主導稽核員訓練課程（以SGS為例）

課程目的	課程大綱
ISO 9001:2015年新版公告，SGS推出此課程協助客戶具備品質管理系統稽核的專業技能，藉著此次改版的機會重新檢視組織的流程運作，讓內部運作效率提升。參加SGS ISO 9001:2015主導稽核員課程，配合一系列實務演練，可學到「如何做好品質管理系統」及「如何準備通過 ISO 9001:2015驗證使組織成功超越競爭對手達到永續發展」之目標	· 品質管理系統與ISO 9000系列標準 · 流程導向的品質管理系統 · 登錄、驗證與稽核員能力 · 稽核：定義、原則及種類 · 稽核的流程 · 現場稽核準備（第一階段稽核） · 製作查檢表 · 執行現場稽核（第二階段稽核） · 稽核審查 · 稽核報告與跟催（第二階段稽核） · 實務演練 · 考試

ISO 9001:2015品質管理系統——內部稽核員訓練課程（以SGS為例）

課程目的	課程大綱
企業組織如何在品質管理系統運作過程中確認其系統之狀況，內部稽核活動一直扮演著關鍵的角色。SGS 特邀請具有多年產業、評審及授課經驗的講師，以流程思考的邏輯，完整介紹條款之要求及其應用，協助企業有效地於組織內部進行內部稽核	· ISO 9001:2015 條文詮釋 · 稽核基本介紹 · 「風險」稽核方法 · 稽核計畫安排與準備 · 稽核執行與稽核檢討 · 稽核報告與跟催 · 現場稽核實習演練 · 課程回饋與結論

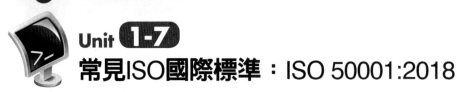

Unit 1-7
常見ISO國際標準：ISO 50001:2018

　　有效利用能源有助於組織節省資金，並有助於保護有限資源和面對環境氣候變化。ISO 50001能源管理系統（EnMS），支持所有產業的組織更有效地使用能源。

　　ISO 50001:2018國際標準建立、實施、維護和改進能源管理系統（EnMS）的要求。預期的結果是使組織能夠採用系統的方法來實現能源績效和能源管理體系的持續改進。ISO 50001:2018文件：

a) 適用於任何組織，無論其類型，規模，複雜程度，地理位置，組織文化或其提供的產品和服務如何；

b) 適用於受組織管理和控制的影響能源績效的活動；

c) 適用於所消耗的能量的數量，用途或類型；

d) 要求證明持續的能源性能改進，但沒有定義要實現的能源性能改進水平；

e) 可以獨立使用，也可以與其他管理系統對齊或融合。

　　ISO 50001基於持續改進的管理系統，也用於其他標準，如ISO 9001或ISO 14001，使組織更容易將能源管理融合到改善品質和環境管理的整體工作中。ISO 50001：2018為組織提供了以下要求的框架，包括制定更有效利用能源政策、修復目標和滿足政策要求、善用數據能更好地理解和決定能源使用、測量結果、審查政策的運作情況，以及持續改進能源管理。

ISO 50001實務推動流程

· 成立能源管理團隊，並界定相關權責與分工；

· 召開專案計畫啟始會議，邀請最高管理階層制定能源政策；

· 實施能源審查，分析重大能源使用及項目，並建立能源基線及能源管理績效指標；

· 執行節能技術診斷，以制定能源管理目標、標的及行動計畫；

· 依據ISO 50001國際標準發展能源管理制度，包括：程序文件、操作規範及紀錄表單；

· 舉辦教育訓練與落實溝通，提升人員對能源管理的認知與能力；

· 落實監測、量測及分析，以掌握重大能源使用之關鍵特性；

· 實施內部稽核，以強化管理系統運作機能；

· 召開管理階層審查會議，與融合當地國家能源政策，以檢討能源管理系統之運作成效。

ISO 50001廠區各部門專案分工參考

廠務部	設備製程部
實施能源審查作業，鑑別、登錄及管理全廠重大能源設備 實施能源管理法規登錄作業，守規性評估工作 彙整及執行能源管理目標／標的／行動計畫 建立重大能源設備之標準操作規範 負責規劃新建物導入節能設計之相關事宜 告知現場施工廠商有關本公司的能源政策及能源管理規定	監控及管理主要製程設備之耗能狀況 配合能源管理目標與標的，規劃及實施能源管理行動計畫 針對重大耗能設備建立標準操作規範，並確實執行
	行政部
	管理程序文件製作及管制 人員教育訓練規劃與實施
採購部	**公關部**
建立能源設計與各項能源設備採購規範 告知供應商有關本公司的能源政策及合議簽署能源設備採購規範	建立能源設計與各項能源設備採購規範 告知供應商有關本公司的能源政策及合議簽署能源設備採購規範

ISO 50001能源管理系統

能源政策

能源審查（能源使用分析鑑別）
能源基線、能源績效指標
目標、標的與行動計畫

- 領導與承諾
- 角色、責任與權限
- 文件化資訊
- 適任性文件管控溝通
- 作業管控
- 紀錄管控
- 監督、量測、分析、評估
- 內部稽核
- 不符合事項與矯正措施
- 管理審查

設　計

採　購

法規與其它
要求事項

能源管理分級評估

層級	政策	能源管理組織	動機	資訊系統	教育與行銷	設備投資
4	高階主管經常有能源政策、行動計畫與定期審視的承諾	能源管理完全整合入管理結構，有為能源消耗負責的能源代表團	各階層的能源管理者有經常性的正式與非正式溝通	有明確的目標、監測、耗能、除錯、量化節能與預算追蹤系統	由內部與外部行銷能源效率的價值與能源管理的績效	所有新建或改裝機會都願意有肯定的綠色投資
3	有正式的能源政策但沒有來自頂層管理授權的行動	能源管理者對能源行動，向有代表全體使用者的董事負責	用主流的管道傳遞能源行動直接與大部分的使用者知道	根據分表的資料傳給個別的使用者，但節能未能有效地傳遞給使用者	有提高職員能源認知的計畫以及經常性的公眾推廣運動	採用與其他投資同樣的回收標準
2	資深部門主管或能源經理有自行的能源政策	有正職的能源管理者，對明確的能源行動報告，但產線經理不明確此行動	根據監測得的電表數據寫監測與目標報告	能源單位被確實地列入到預算中	確實的職員訓練	只採用能短期回收的投資標準
1	有粗略的能源指南	兼職的或權限有限的能源管理者	工程師與少數使用者有非正式的接觸	根據採購單資料回報能源成本，工程師整理報告給內部技術部門使用	使用非正式管道來推廣能源效率	僅採取低價的行動方案
0	沒有清楚的能源政策	沒有能源管理系統或沒有正式的能源消耗管理者	沒有接觸使用者	沒有能源資訊系統也沒有能源消耗紀錄	沒有提倡能源效率	沒有打算投資或改善能源效率

Unit **1-8**
常見ISO國際標準：ISO 14067:2018

產品碳足跡，可提供企業組織實施盤查製造單一產品，從原料製造運輸到銷售與使用，活動數據即投入使用能資源耗用與輸出廢水廢棄物所排放之數據，與科學量化之暖化潛值加權，所計算之碳足跡排放量，簡稱二氧化碳當量。

ISO 14067根據國際生命週期評估標準（ISO 14040和ISO 14044）對產品碳足跡（CFP）進行量化和傳播的原則，要求和指南進行了定量和環境標籤以及用於通訊的聲明（ISO 14020、ISO 14024和ISO 14025）。還提供了產品部分碳足跡的量化、宣傳要求和準則（部分CFP）。

基於這些研究的結果，ISO 14067適用於CFP研究和CFP宣傳的不同選擇。如果根據ISO 14067報告CFP研究的結果，則提供程序以支持透明度和可信度，並且允許知的選擇。

ISO 14067:2013還規定了CFP-產品類別規則（CFP-PCR）的開發，或者採用根據ISO 14025制定並符合的產品類別規則（PCR）。

三陽工業二輪事業協理陳邦雄表示，為了對產品溫室氣體做更有效率的管理，並實踐塑造「年輕、環保、科技」的產品形象，故於業界率先以E-Woo電動機車作為標的產品，於2013年1月成立盤查小組，進行產品碳足跡盤查，依循公司永續發展策略及英國PAS2050之標準程序進行溫室氣體盤查、數據蒐集、排放量計算、文件製作、減量行動計畫，並委託BSI英國標準協會進行第三方查證，以確認E-Woo電動機車的溫室氣體排放數據有一致性、完整性與準確性。

此次盤查係依據電動機車在整個生命週期過程中所直接與間接產生的溫室氣體總量，並統一用二氧化碳當量（CO_2e）標示，三陽邀約49家廠商共同參與盤查，依據產品生命週期盤查原材料階段、製造加工階段、配銷運輸階段、使用階段及最終處置階段，查證結果為搖籃到大門（Cradle to gate）每輛475 kg CO_2e，搖籃到墳墓（Cradle to grave）每輛549 kg CO_2e。（節錄自2013年12月03日工商時報，郭文正，https://www.chinatimes.com/reporter/935）

列舉第三類環境宣告EPD-產品類別規則PCR彙整表

品項	類別	產品類別	版次，制訂年
1	機械與設備	飲水機	1.0版，2017
2	石化產品	絕緣用橡膠類製品	1.0版，2017
3	電子電機	電流向量變頻器	1.0版，2017
4	金屬產品	水龍頭	1.0版，2017
5	民生品／紡織	軟包家具	1.0版，2017
6	電子電機	道路照明用LED燈具	1.0版，2017
7	民生用品／紡織	家庭用紙	1.0版，2016
8	民生用品／紡織	家用清潔劑	1.0版，2016

資料來源：https://www.idbcfp.org.tw/

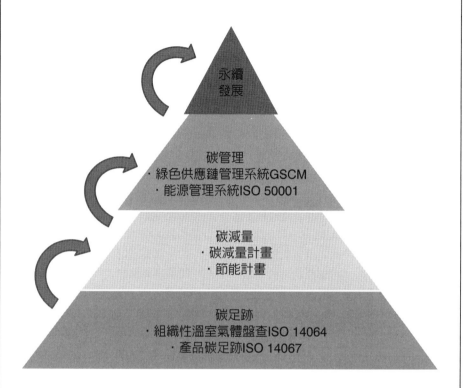

企業逐步推動永續發展藍圖

永續
發展

碳管理
・綠色供應鏈管理系統GSCM
・能源管理系統ISO 50001

碳減量
・碳減量計畫
・節能計畫

碳足跡
・組織性溫室氣體盤查ISO 14064
・產品碳足跡ISO 14067

ISO 14067（PAS2050）產品碳足跡通過廠商列舉

產業業態	產業學習標竿
運輸業	台灣高鐵車站間旅客運輸碳足跡
金融業	玉山銀行
食品業	軒記集團台灣肉乾王、舊振南食品鳳梨酥
飲品業	統一企業、黑松沙士、味丹礦泉水
製造業	日月光半導體、大愛感恩科技、世堡紡織、宏洲窯業、聚隆纖維、茂迪太陽能電池
自行車業	美利達Merida、桂盟KMC、亞獵士科技、建大輪胎、固滿德輪胎、政豪座墊
電動二輪車	三陽工業SYM、可愛馬科技

Unit 1-9
常見ISO國際標準：ISO 14064-1:2018

ISO 14064-1：2018制定了組織層面溫室氣體（GHG）排放量和清除量的量化和報告的原則和要求。它包括組織溫室氣體清單的設計、開發、管理、報告和驗證要求。

ISO 14064-2：2019制定了原則和要求，並在項目層面提供指導，用於量化、監測和報告，其目的在減少溫室氣體（GHG）減排或提高其活動。它包括規劃溫室氣體項目，確定和選擇與項目和基線情境相關的溫室氣體源，sinks and reservoirs (SSRs)、監測、量化、記錄和報告溫室氣體項目績效和管理數據品質的要求。

ISO 14064-3：2019制定了原則和要求，並為驗證和確認溫室氣體（GHG）聲明提供了指導。它適用於組織、項目和產品溫室氣體報表。

ISO 14060標準系列是溫室氣體計劃中立的。如果溫室氣體計劃適用，該溫室氣體計劃的要求是ISO 14060標準系列要求的補充。此溫室氣體制定，實務盤查可應用在家庭型、社區型、企業型、城市型與國家型溫室氣體。

BSI國際驗證機構公開認為，企業永續發展鼓勵進行ISO 14064溫室氣體排放查證／確證，是建立溫室氣體排放交易可為執行減量最有效的方式之一。依據ISO 14064查證／確證組織溫室氣體排放系統，能為組織帶來以下優勢：

1. 找出節省能源的可能性
2. 找出改善方式的可能性
3. 讓您更了解不同部門、職務和工業程序間的互動方式
4. 提供數種方式，幫助您有效將對環境的不利衝擊降至最低
5. 提升公司的正面形象
6. 增加投資者的獲利
7. 提供金融市場和保險公司可靠的資訊

ISO 14064溫室氣體排放查證步驟

BSI查驗程序將確保企業所提出的 GHG 排放數據正確無誤，而BSI查驗方式則能確保排放報告可靠無誤、透明公開，並且前後一致。BSI驗證7個步驟程序如下：

1. 申請查驗
2. 決定查驗範圍
3. 簽約
4. 文件審查
5. 第一階段查驗
6. 第二階段查驗（如於此階段有缺失事項則需進行修正並確認）
7. 發出查證聲明書

資料摘錄：https://www.bsigroup.com

ISO 14064:2018組織溫室氣體藍圖

ISO 14064:2018
組織溫室氣體

ISO 14064-1
組織溫室氣體清單的
設計、開發、管理、
報告和驗證要求

ISO 14064-2
監測、量化、記錄
和報告溫室氣體項
目績效和管理數據
品質的要求

ISO 14064-3
適用於組織、項目和
產品溫室氣體報表

ISO 14064組織溫室氣體驗證通過廠商列舉

產業業態	產業學習標竿
百貨業	遠東SOGO百貨
政府機關	台南市政府、台電公司
製造業	英全化工、福懋興業、明安國際、大統新創
自行車業	巨大機械Giant
金融證券業	元大證券、兆豐金控、玉山銀行
壽險業	中國人壽、新光人壽、台灣人壽

Unit 1-10
常見ISO國際標準：ISO 14046:2014

ISO 14046:2014制定了與基於生命週期評估（LCA）的產品，過程和組織的水足跡評估相關的原則、要求和指南。

ISO 14046:2014提供了將水足跡評估作為獨立評估進行和報告的原則、要求和指南，或作為更全面的環境評估的一部分。評估中只包括影響水質的空氣和土壤排放量，並不包括所有的空氣和土壤排放量。

水足跡評估的結果是影響指標結果的單一個值或簡介。雖然報告在ISO 14046:2014範圍內，但水足跡結果的溝通（例如以標籤或聲明的形式）不在ISO 14046:2014的範圍之內。

BSI對水足跡ISO 14046查證認為，在水資源匱乏及需求不斷增長的今日，水的使用和管理對於任何組織來說是一個值得思考的重要關鍵。水資源管理不論是在任何一個地方或是全球各地，都需要一個一致性的評估方法。ISO 14046水足跡標準即是一個一致性的且值得信賴的評估方法。國際水足跡標準是適用於評估組織產品生命週期查證報告的規範和指引。ISO 14046國際標準藍圖提供環境評估一個更廣泛及獨立計算水足跡報告的規範和指引。

ISO 14046水足跡效益，BSI認為水的評估是鑑別未來管理風險的方法之一，以做好因為水的使用而對環境的影響，提高產品的流程效率，和組織層級分享知識和最佳實踐於產業和政府，滿足顧客的期望，提升對環境保護的責任。

BSI國際驗證機構公開認為，在水資源匱乏及需求不斷增長的今日，水的使用和管理對於任何組織來說是一個值得思考的重要關鍵。水資源管理不論是在任何一個地方或是全球各地，都需要一個一致性的評估方法。ISO 14046水足跡標準即是一個一致性的且值得信賴的評估方法。

水足跡查核是關於水對於潛在環境的影響。ISO 14046國際標準準則，為水足跡提供了一個獨立的研究，以思考水所帶來的影響。同時提供一個思考生命週期評估對環境的影響。

企業推動ISO 14046水足跡的效益，水的評估是鑑別未來管理風險的方法之一，組織以做好因為水的耗用而對環境所造成的影響，提高產品的流程效率、組織層級分享知識、最佳實踐於產業和政府滿足顧客的期望提升對環境保護的責任。

資料摘錄：https://www.bsigroup.com

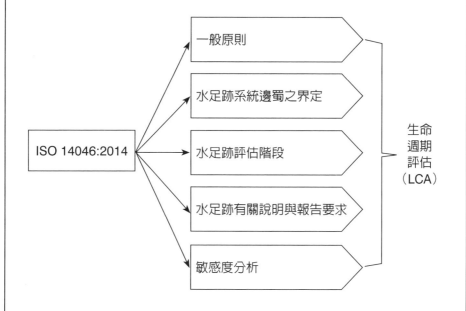

ISO 14046:2014國際標準藍圖

- 一般原則
- 水足跡系統邊蜀之界定
- 水足跡評估階段
- 水足跡有關說明與報告要求
- 敏感度分析

ISO 14046:2014

生命週期評估（LCA）

ISO 14046水足跡查證通過廠商列舉

產業業態	產業學習標竿
製造業	興普科技、明安國際、清淨海生技
太陽能源業	茂迪太陽能電池片、新日光
飲料食品業	三皇生技
半導體科技業	新唐科技晶圓、日月光
金融證券業	玉山金控

Unit 1-11
常見ISO國際標準：ISO/IEC 17025: 2017

ISO/ IEC 17025:2017制定了對實驗室能力、公正性和一致性操作的一般要求。無論人員數量多少，ISO/ IEC 17025:2017適用於所有執行實驗室活動的組織。

實驗室客戶、監管機構，使用同行評估機構和認證機構的組織和計畫使用ISO/ IEC 17025：2017來確認或認可實驗室的能力，參考國際藍圖。

財團法人全國認證基金會（TAF）推動國內各類驗證機構、檢驗機構及實驗室各領域之國際認證，建立國內驗證機構、檢驗機構及實驗室之品質與技術能力的評鑑標準，結合專業人力評鑑及運用能力試驗，以認證各驗證機構、檢驗機構及實驗室，提升其品質與技術能力，並致力人才培訓與資訊推廣，強化認證公信力，拓展國際市場，提升國家競爭力。

全國認證基金會成立宗旨在建立符合國際規範並具有公正、獨立、透明之認證機制，建構符合性評鑑制度之發展環境，以滿足顧客（政府、工商業、消費者等）之需求，提供全方位認證服務，促進與提升產業競爭力及民生消費福祉。

TAF主要任務建立及維持國內認證制度之實施與發展，確保本會之認證運作符合國際規範ISO/ IEC 17011之要求，以公正、獨立、透明之原則，提供有效率及值得信賴的認證服務，滿足顧客之期望。持續維持與運用國際認證組織之相互承認協議機制，積極參與國際或區域認證組織之認證活動或主辦國際認證活動，建立符合WTO及APEC符合性評鑑制度之基礎架構，有利經貿發展。

建構全國符合性評鑑資料庫及知識服務體系（網址：http://www.ca.org.tw），提供認證品質及技術之專業網絡及資訊服務。加強推廣國家及產業需求之符合性評鑑認證方案，健全國內符合性評鑑制度之發展環境。

ISO 17025 認證效益（TAF）：
1. 確保實驗室／檢驗機構之能力與檢驗數據之正確性。
2. 提升實驗室／檢驗機構品質管理效率。
3. 檢測數據為國內外相關單位所接受。
4. 減少重複校正／測試／檢驗之時間與成本。

ISO 17025國際標準藍圖

7.過程要求

7.1要求、標單與合約的審查
7.2方法的選用、查證與確認
7.3抽樣
7.4試驗或校正件之處理
7.5技術紀錄
7.6量測不確定度的評估
7.7確保結果的有效性
7.8結果報告
7.9抱怨
7.10不符合工作
7.11數據管制—資訊管理

5.架構要求

5.1法律主體
5.2管理階層
5.3活動範圍
5.4滿足要求（標準、顧客、主管機關、認可組織）
5.5組織架構及關聯程序
5.6授權及資源
5.7承諾（顧客溝通及管理系統完整性）

4.一般要求

4.1公正性
4.2保密性

ISO/IEC 17025:2017

6.資源要求

6.1概述
6.2人員
6.3設施與環境條件
6.4設備
6.5計量追溯性附錄A
6.6外部供應產品與服務

8.管理系統要求

8.1選項（選項A或B）
8.2管理系統文件化（選項A）
8.3管理系統文件的管制（選項A）
8.4記錄管制
8.5風險與機會因應措施（選項A）
8.6改進（選項A）
8.7矯正措施（選項A）
8.8內部稽核（選項A）
8.9管理審查（選項A）
附錄A計量追溯性
附錄B管理系統選項

備註：選項A：包含ISO 17025：2017版第八章管理系統要求事項章節。
選項B：實驗室依據ISO 9001：2015版要求事項建立與維持一套管理系統，其能一致性展現滿足4～7章要求事項，亦能最低滿足規定於8.2～8.9章的管理系統要求事項的目的。

Unit **1-12**
常見ISO國際標準：ISO/IEC 27001: 2022

ISMS統稱ISO 27001，其資訊安全管理要求國際標準的官方簡稱是 ISO/IEC 27001。它是由 ISO 和國際電工委員會（IEC）聯合發布的。表明它是由ISO和IEC資訊技術聯合技術委員會（ISO/IEC JTC 1）的第27小組委員會（資訊安全、網路安全和隱私保護）負責發布的標準指引。

ISO/IEC 27001是資訊安全管理系統（Information Security Management Systems(ISMS)）標準。它定義了ISMS必須滿足的要求。

ISO/IEC 27001標準為任何規模、各行各業的公司提供建立、實施、維持和持續改善資訊安全管理系統的指導。

符合ISO/IEC 27001是意味著組織或企業已建立一個系統來管理與公司擁有或處理的資料安全相關的風險，並且該系統遵守本國際標準中規定的所有最佳實踐和原則。

隨著網路犯罪的增加和新威脅（包括資訊戰）的不斷出現，管理網路風險似乎是困難甚至失控。ISO/IEC 27001幫助組織提高風險意識並主動識別和解決弱點。

ISO/IEC 27001提倡採用整體的資訊安全方法：審查人員、政策和技術。根據此標準實施的資訊安全管理系統是風險管理、網路彈性和卓越營運的工具，可協助高階營運者能穩健邁向永續經營與資訊管理。

實施ISO/IEC 27001標準中資訊安全系統架構可以幫助組織：

1. 抵禦網路攻擊，減少您面對日益增長的網路攻擊威脅的脆弱性。

2. 應對新威脅的準備，應對不斷變化的安全風險。

3. 資料完整性、保密性和可用性，確保財務報表、智慧財產權、員工資料和第三方委託的資訊等資產保持完好、保密並可根據需要而使用。

4. 所有支援的安全性，提供一個集中管理的框架，將所有資訊保護在一個地方；讓整個組織的人員、流程和技術做好準備，以應對基於技術的風險和其他威脅。

5. 組織範圍內的保護，保護所有形式的訊息，包括紙本數據、雲端數據和數位數據。

6. 節約成本，透過提高效率和減少無效防禦技術的費用來節省資金。

7. 可邁向營運團隊資訊安全目標一致性。

8. 跨部組織團結適切適宜揭露資訊安全政策可視化。

ISO/IEC 27001（也稱為CIA）中資訊安全的三項原則：

1. 保密（Confidentiality）

　　意義：只有適當的人才能存取組織持有的資訊。

　　風險範例：犯罪者掌握客戶的登入詳細資訊並在暗網上出售。

2. 資訊完整性（Information integrity）

　　意義：組織用於開展業務或為他人安全保存的資料得到可靠儲存，不會被刪除或損壞。

　　風險範例：工作人員在處理過程中意外刪除了文件中的一行。

3. 資料的可用性（Availability of data）

　　意義：組織及其客戶可以在必要時存取資訊，以滿足業務目的和客戶期望。

　　風險範例：您的企業資料庫因伺服器問題、備份不足而離線。

　　符合 ISO/IEC 27001 要求的資訊安全管理系統透過應用風險管理流程來保護資訊的機密性、完整性和可用性，並讓相關方相信風險已充分管理。

　　什麼是ISO/IEC 27001認證以及獲得ISO 27001認證意味著什麼？

　　ISO/IEC 27001認證是向利害關係人和客戶證明您致力於並能夠安全可靠地管理資訊的一種方式。持有認可機構頒發（TAF）的證書可能會帶來額外的信心，因為認可機構（TAF）對認證機構（CB）的能力提供了獨立的確認。

　　與其他ISO管理系統標準一樣，實施ISO/IEC 27001的公司可以決定是否要經歷認證流程。一些組織選擇實施該標準是為了從其包含的最佳實踐中受益，而另一些組織也希望獲得認證以使客戶和客戶放心。

　　ISO/IEC 27001在世界各地廣泛使用。根據2021年ISO調查，140多個國家報告已超過50,000個證書，涉及從農業到製造業到社會服務等所有經濟部門。

資料來源：https://www.iso.org/standard/27001

Unit **1-13**
清真認證與ISO 22000:2018

清真認證（Halal certification）起源於伊斯蘭教法，舉凡穆斯林教友日常生活食用或碰觸身體的產品，必須符合伊斯蘭教法，即為「清真（Halal）」，避免碰觸不潔之物（豬、酒精）。關於豬與酒精的違反清真的議題，另衍生出一些日常生活注意的事項：豬方面，凡是涉及豬成分相關製品，豬成分相關添加物，都相當敏感。酒精方面，除了酒類外，可食用酒精成分相關添加物之劑量規定，在各國清真認證的標誌上呈現差異。其中，豬以外其他動物，必須特別留意是否違反可蘭經規範之屠宰方式，不只是豬肉，任何動物之血液以及死肉皆違反清真。

經濟部投資業務處曾揭露，2017年11月23日於「世界清真高峰會」（World Halal Summit）暨「第五屆伊斯蘭合作組織清真展」（the 5thOrganization of Islamic Cooperation Halal Expo）在伊斯坦堡舉行，大約逾80國150項品牌參展。

高峰會會長（Summit head）Yumus Ete表示，土耳其欲提高在全球清真商務（Halal business）的市占率由2～5%至10%，金額由現1,000億美元為4,000億美元。

Ete會長指，全球清真市場現共有約4兆美元規模，其中2兆美元屬「伊斯蘭金融」（Islamic finance）、1兆屬「清真食品產業」（Halal food industry）、2,500億美元屬「清真旅遊」（Halal tourism）、其餘（7,500億美元）屬「清真藥療化妝品及紡織品」（Medicine cosmetics and textiles）等。

土耳其「食品檢驗暨認證研究協會」（Food Auditing and Certification Research Association, GIMDES），土耳其獲清真認證商品僅占其總商品的30%。

有關「清真旅遊」近年在亞洲、歐洲及中東地區興起「清真旅館」（Halal hotels）對虔誠的穆斯林旅客不供酒及豬肉，男、女分池游泳，旅館員工穿著也需符合伊斯蘭慣例（Customs），電視亦不播放未符伊斯蘭價值觀的頻道節目。

清真對於穆斯林食用或碰觸身體的產品，必須追溯源頭，從原物料開始，到產品處理，工廠設施，製造機械，包裝，保管儲藏，物流，甚至最終端零售賣場，都必須符合「清真」，這就是清真認證提倡的「從農場到餐桌」概念（From farm to fork）。根據AFNOR國際驗證規範，遵循伊斯蘭教法精神，採用全球首例在國際管理系統認證要求的基礎上加入伊斯蘭教法規定的中東地區清真認證規範進行驗證，並提供具有阿拉伯聯合大公國國家清真標章的認可證書，其接受範圍涵蓋眾多國家和地區，包括中東地區各國、東南亞、大陸及歐美日韓等。除了清真認證證書外，也可根據產業別同時獲得ISO 22000（食品安全）、HACCP（危害分析管制）、GMP（優良生產規範）、ISO 22716（化妝品優良製造規範）等國際標準認可證書，產官學研合作協助中小企業推廣清真產品、開拓國際清真市場，行銷台灣友善環境。

融合ISO 9001:2015與ISO 22000:2018條文對照表

ISO 9001:2015品質管理系統	ISO 22000:2018食品安全管理系統
0.簡介	0.簡介
1.適用範圍	1.適用範圍
2.引用標準	2.引用標準
3.名詞與定義	3.名詞與定義
4.組織背景	4.組織背景
4.1了解組織及其背景	4.1了解組織及其背景
4.2了解利害關係者之需求與期望	4.2了解利害關係者之需求與期望
4.3決定品質管理系統之範圍	4.3決定食品安全管 系統之範圍
4.4品質管理系統及其過程	4.4食品安全管 系統及其過程
5.領導力	5.領導力
5.1領導與承諾	5.1領導與承諾
5.1.1一般要求	
5.1.2顧客為重	
5.2品質政策	5.2食安政策
5.2.1制訂品質政策	5.2.1制訂食安政策
5.2.2溝通品質政策	5.2.2溝通食安政策
5.3組織的角色、責任和職權	5.3組織的角色、責任和職權
6.規劃	6.規劃
6.1處理風險與機會之行動	
6.2規劃品質目標及其達成	6.2規劃食安目標及其達成
6.3變更之規劃	6.3變更之規劃
7.支援	7.支援
7.1資源	7.1資源
7.1.1一般要求	7.1.1一般要求
7.1.2人力資源	7.1.2人力資源
7.1.3基礎設施	7.1.3基礎設施
7.1.4流程營運之環境	7.1.4工作環境
7.1.5監督與量測資源	
7.1.6組織的知識	
7.2適任性	7.2適任性

7.3認知	7.3認知
7.4溝通	7.4溝通
	7.4.1一般要求
	7.4.2外部溝通
	7.4.3內部溝通
7.5文件化資訊	7.5文件化資訊
7.5.1一般要求	7.5.1一般要求
7.5.2建立與更新	7.5.2建立與更新
7.5.3文件化資訊之管制	7.5.3文件化資訊之管制
8.營運	**8.營運**
8.1營運之規劃與管制	8.1營運之規劃與管制
8.2產品與服務要求事項	8.2前提方案（PRPs）
8.2.1顧客溝通	
8.2.2決定有關產品與服務之要求事項	
8.2.3審查有關產品與服務之要求事項	
8.2.4產品與服務要求事項變更	
8.3產品與服務之設計及開發	8.3追蹤系統
8.3.1一般要求	
8.3.2設計及開發規劃	
8.3.3設計及開發投入	
8.3.4設計及開發管制	
8.3.5設計及開發產出	
8.3.6設計及開發變更	
8.4外部提供過程、產品與服務的管制	8.4緊急事件準備與回應
8.4.1一般要求	8.4.1一般要求
8.4.2管制的形式及程度	8.4.2緊急情況及事件處理
8.4.3給予外部提供者的資訊	
8.5生產與服務供應	8.5危害控制
8.5.1管制生產與服務供應	8.5.1實施危害分析預備步驟
8.5.2鑑別及追溯性	8.5.2危害分析
8.5.3屬於顧客或外部提供者之所有物	8.5.3管制措施及其組合的確認
8.5.4保存	8.5.4危害控制計畫

8.5.5交付後活動	
8.5.6變更之管制	
8.6產品與服務之放行	8.6更新規定PRP及危害控制計畫的資訊
8.7不符合產出之管制	8.9產品與流程不符合的控制
	8.9.1一般要求
	8.9.2更正
	8.9.3矯正措施
	8.9.4潛在不安全產品之處理
	8.9.5撤回／召回
	8.8關於PRPs及危害控制計畫的查證
9.績效評估	
9.1監督、量測、分析及評估	8.7監督及量測的控制
9.1.1一般要求	
9.1.2顧客滿意度	
9.1.3分析及評估	
9.2內部稽核	9.2內部稽核
9.3管理階層審查	9.3管理階層審查
9.3.1一般要求	9.3.1一般要求
9.3.2管理階層審查投入	9.3.2管理階層審查投入
9.3.3管理階層審查產出	9.3.3管理階層審查產出
10.改進	**10.改進**
10.1一般要求	10.1一般要求
10.2不符合事項及矯正措施	10.3食安管理系統的更新
10.3持續改進	10.2持續改進

個案討論

分組組員團隊合作，查閱公開資訊，如ISO品質手冊，分組選定一專題研究個案。

章節作業

分組查閱通過ISO國際標準規範要求並驗證公開於公司官網之廠商，進行產業學習標竿，進行說明。

1. ISO 45001 通過廠商有哪些？
2. ISO 50001 通過廠商有哪些？
3. ISO 14067 通過廠商有哪些？
4. ISO 14064 通過廠商有哪些？
5. ISO 14046 通過廠商有哪些？
6. ISO 17025 通過廠商有哪些？
7. HACCP 通過廠商有哪些？
8. GMP 通過廠商有哪些？
9. ISO 22716 通過廠商有哪些？
10. ISO 22000 通過廠商有哪些？
11. ISO 27001 通過廠商有哪些？
12. ISO 56000 通過廠商有哪些？

第 2 章

品質管理系統要項

●●●●●●●●●●●●●●●●●●●●●●● ━━● 章節體系架構 ▼

一、顧客導向（Customer focus）

　　品質管理主要重點是滿足顧客要求，並致力於超越顧客的期望。

　　主要重點：與客戶互動的每個層面提供機會為客戶創造更多的價值（商機）。了解當前和未來客戶及其他利益關係人的潛在需求有助於組織的永續發展。

二、領導（Leadership）

　　所有階層的領導建立一致的目標和方向，並創造使員工參與達成組織建置品質目標的友善環境。

　　主要重點：建立一致的目標、方向和參與，使組織能夠統合其策略、政策、流程及有限資源以達成目標。

三、員工參與（Engagement of people）

　　組織所有人員要能勝任，被適宜授權即能從事以創造價值，有授權即能參與的員工，透過組織強化其員工能力以創造價值。

　　主要重點：有效率地管理組織，讓所有階層的員工參與，並尊重他們個體適切發展是很重要的。認知、授權和強化技能和知識，促進員工的參與，以達成組織的目標。

　　個案研究中以台船防蝕科技為例，主要業務為船舶塗裝、大型鋼構防蝕、表面處理、專業塗裝施工、海洋工程防蝕處理等。台蝕公司承襲台船公司優質的管理系統，並強化人員訓練，深耕優良技術人力，除具備國際級塗裝品管、品保證照外，同時加強製程管控，全力為顧客確保品質，提供長效期防蝕服務。為提供顧客全方位防蝕的企業目標，個案公司應用並引進國內外先進的各式防蝕材料及技術，兼顧效率及環保綠能，以最短的時間、最高的品質、最佳的管理及最合理的價格，從工程規劃至施工團隊整合，提供顧客最優質的系統化全方位的防蝕服務需求。

　　其企業願景：最重視安全、環保、品質與服務的塗裝專業團隊。

　　其企業目標：創造利潤、照顧夥伴、提供全方位防蝕服務。

　　其經營理念：自動自發、團隊合作、服務顧客、品質至上。

　　其經營策略：策略聯盟、研發創新；擴大營收、降低成本；組織精簡、激勵即時。

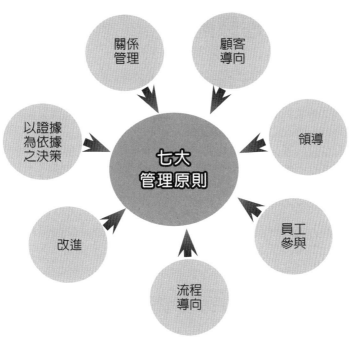

七大品質管理原則藍圖

關係管理

顧客導向

以證據為依據之決策

七大管理原則

領導

改進

員工參與

流程導向

個案：防蝕系統設計製造安裝

七大原則	個案學習
顧客導向	客製提供陰極防腐蝕產品服務
領導	合理價格、高品質與快速服務
員工參與	上下目標一致、團隊合作
流程導向	TQM、Lean production
改進	提供安全穩定快樂職場環境
以證據為依據之決策	精確、持續改進、及時
關係管理	曾被評為最佳供應商

Unit 2-2
七大管理原則(2)

四、流程導向（Process approach）

當活動被了解及被管理成有互相關係的流程，成為一個具連貫流程化系統，一致的及可預測的結果可以更有效率被達成。

主要重點：品質管理系統是由互相關聯流程所構成。了解系統是如何產生其結果，包括所有流程、資源、管制和相互作用所產生的，能使組織優化其績效。

五、改進（Improvement）

成功的組織不斷地專注於改進。

主要重點：基本上，改進是讓組織維持目前的績效水準，反映內部和外部環境的改變，並創造新的機會。

六、以證據為依據之決策（Evidence-based decision making）

基於數據和資訊的分析和評估的決策，更可能產生預期的結果。

主要重點：了解因果關係及非預期的後果很重要的。在決策時，事實、證據和數據分析帶來更大的客觀性與商機。

七、關係管理（Relationship management）

對於永續發展，組織管理其與利益團體的關係，如供應商、客戶等等關鍵利益團體（利害關係人）。關係管理要點，組織管理其與利益團體的關係以優化其績效的影響，永續發展實現的可能性更大。加強與供應商和夥伴的網絡關係管理往往是特別重要的。

推薦標竿學習企業

產業業態	國內產業學習標竿
橡膠業	建大輪胎、正新輪胎、中橡、台橡
塑膠業	上緯企業、鼎基化學、興采實業、員全
金屬加工業	三星科技、巧新科技、鐵碳企業、桂盟
化工業	台灣永光化學、長興化學、南光化學、生達化學
自行車產業	巨大機械、美利達、太平洋自行車、亞獵士科技

IPO流程範例

2. 輸入 Input	1. 流程 Process	3. 輸出 Output
產品需求 請購單 模治具規格 圖面（設計）	治工具管理流程	訂購單 驗收單 治工具點檢表

預防保養系統流程 Prevent maintain management

5. 藉由什麼？ What （材料／設備）	6. 藉由誰？ Who （能力／技巧／訓練）
三用電表 3D量測平台 游標卡尺 潤滑防銹油 電力分析儀	專業技術工程師 具電子、自控、機械維護能力

2. 輸入 Input	1. 流程 Process	3. 輸出Output
年度計劃表 plan 人力配置 manpower 訂單預測 forecast 保養治工具 tooling	預防保養作業 prevent maintain	設備保養紀錄 維修履歷表 部品採購、領用作業 碳排、能源耗用紀錄

4. 如何做？ How （方法／程序／指導書）	7. 藉由哪些重要指標？ Result（衡量／評估）
模治具維護保養準則 預防保養準則 量測分析作業準則 職業安全作業準則	稼動率 修機率 部品耗用費 節能減碳量

Unit 2-3
內部稽核

內部稽核之目的為落實企業國際標準管理系統之運作，各部門能確實而有效率合時合宜之執行，以達成經營管理與管理系統之要求，並能於營運過程實行中發現產品品質異常或服務不到位，能即時督導矯正以落實管理系統運作與維持。

ISO 9001:2015_9.2 internal audit條文要求

9.2.1

組織應在規劃的期間執行內部稽核，以提供品質管理系統達成下列事項之資訊。

(a) 符合下列事項。
　　(1) 組織對其品質管理系統的要求事項。
　　(2) 本標準要求事項。
(b) 品質管理系統已有效地實施及維持。

9.2.2

組織應進行下列事項。

(a) 規劃、建立、實施及維持稽核方案，其中包括頻率、方法、責任、規劃要求事項及報告，此稽核方案應將有關過程之重要性、對組織有影響的變更，及先前稽核之結果納入考量。
(b) 界定每一稽核之稽核準則（Audit criteria）及範圍。
(c) 遴選稽核員並執行稽核，以確保稽核過程之客觀性及公正性。
(d) 確保稽核結果已通報給直接相關管理階層。
(e) 不延誤地採取適當的改正及矯正措施。
(f) 保存文件化資訊以作為實施稽核方案及稽核結果之證據。

備註：參照CNS 14809指引。

小博士解說

面對組織內外部稽核作業，稽核員應具備以下能力，需不斷終身學習。

人格特質	處事的能力
心胸開闊、客觀（Open mind）	有效撰寫與傾聽的技巧
正確判斷與堅毅不搖	主持／控制會議的能力
對於評鑑範圍內規則的敏感性	計畫、組織及排程的能力
對於壓力情境能夠有效反應	化解衝突的能力
Open/close meeting掌握度	決策的能力
對缺失與觀察報告解析條理	獲得合作的能力
專注、成熟	保存事實的能力
傾聽	取捨最適圓滿解

圖表（查檢表或稽核流程）

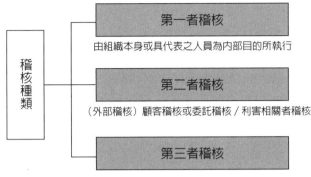

稽核種類
- 第一者稽核
  由組織本身或具代表之人員為內部目的所執行
- 第二者稽核
  （外部稽核）顧客稽核或委託稽核／利害相關者稽核
- 第三者稽核
  由外部獨立稽核組織執行

備註1（稽核依據）：法令規章、標準、標準程序書、管理辦法、作業指導書、作業說明書、共通規範、特定規範、相關之紀錄、表單、報告及實際操作之要求。

備註2（稽核原則）：廉潔、公平陳述、專業、保密性、獨立性、證據為憑。

內部稽核實施流程

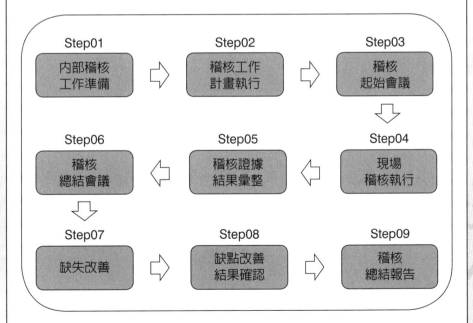

Step01 內部稽核工作準備 ⇨ Step02 稽核工作計畫執行 ⇨ Step03 稽核起始會議

Step06 稽核總結會議 ⇦ Step05 稽核證據結果彙整 ⇦ Step04 現場稽核執行

Step07 缺失改善 ⇨ Step08 缺點改善結果確認 ⇨ Step09 稽核總結報告

Unit **2-4** 管理審查

　　管理審查之目的為維持企業的品質管理系統制度，以審查組織內外部品質管理系統活動，以確保持續的適切性、充裕性與有效性，結合內部稽核作業輸出與管理審查會議討論，能即時因應風險與掌握機會，達到品質改善之目的並與組織策略方向一致。

一、管理審查議題（參考例）：

　　1. 顧客滿意度與直接相關利害相關者之回饋。

　　2. 品質目標符合程度並審視上次審查會議決議案執行結果。

　　3. 組織過程績效與產品服務的符合性。

　　4. 不符合事項及相關矯正再發措施。

　　5. 監督及量測結果（如法規、車輛審驗）。

　　6. 內外部品質稽核結果。

　　7. 外部提供者之績效（如客供品）。

　　8. 處理風險及機會所採取措施之有效性。

　　9. 改進之機會。

　　10. 其他議題（知識分享、提案改善）。

二、參加會議對象（參考例）：

　　1. 總經理為管理審查會議之當然主席。

　　2. 管理代表為會議之召集人。

　　3. 各部門主管、幹部及經理指派相關人員為出席會議之成員。

三、管理審查事項之執行（參考例）：

　　1. 管理代表負責管理審查會議中決議事項之執行工作。

　　2. 決議事項及完成期限應記載入會議紀錄中。

　　3. 審查事項輸出的決策行動，包括系統過程及產品有效性之改善及相關投入資源之需要。

流程圖

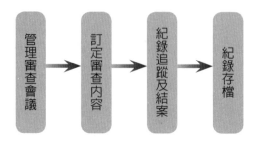

9.3.1 一般

最高管理階層應在所規劃之期間審查組織的品質管理系統，以確保其持續的適合性、充裕性、有效性，並與組織的策略方向一致。

9.3.2 管理階層審查之投入

管理階層審查的規劃及執行應將下列事項納入考量。

(a) 先前管理階層審查後，所採取的各項措施之現況。

(b) 與品質管理系統直接相關的外部及內部議題之改變。

(c) 品質管理系統績效及有效性的資訊，包括下列趨勢。

　　(1) 顧客滿意及來自於直接相關利害關係者之回饋。(2) 品質目標符合程度。(3) 過程績效及產品與服務之符合性。(4) 不符合事項及矯正措施。(5) 監督及量測結果。(6) 稽核結果。(7) 外部提供者之績效。

(d) 資源之充裕性。

(e) 處理風險及機會所採取措施之有效性（參照條文6.1）。

(f) 改進之機會。

9.3.3 管理階層審查之產出

管理階層審查之產出應包括如下之決定及措施。

(a) 改進機會。(b) 若有需要，改變品質管理系統。(c) 所需資源。

組織應保存文件化資訊，作為管理階層審查結果之證據。

039

知識補充站

因應全球智能化供應鏈管理挑戰，企業面對中長期推動方案，並追求供應鏈符合國際環保規範，從管理審查建議管理階層因應措施參考如下：

1. 建立原物料成分管制物質清單，並依國際環保法規及有害物質管制要求適時更新，作為公司自我要求並與國際環保潮流趨勢銜接之基準。

2. 建立供應商原物料成分管制保證書，要求原物料供應商切結銷售公司之產品未含環境有害物質，確保公司之產品於供應鏈體系中可符合國際要求。

3. 建立供應商設施風險管理評鑑，增列公司供應商評鑑之範圍。

4. 供應商管制程序管理審查評鑑及落實供應商產品檢驗報告分類彙整，強化現有供應商環保資訊之建檔管理。

5. 將公司對供應商之綠色產品相關要求，透過採購管制程序優先列入採購對象，落實執行綠色採購管理。

6. 加強製程作業與委外加工廠作業安全風險管理評估。

7. 因應技術人才培訓與管理儲備留才，逐步建立智慧管理績效指標。

8. 附加於機械設備導入機聯網、生產管理可視化與智慧化科技應用，如機聯網智慧機上盒，進而提升供應鏈強度。並具備資料處理、儲存、通訊協定轉譯及傳輸，以及提供應用服務模組功能之軟硬體整合系統。

Unit **2-5**
文件化管理(1)

文件化管理之目的為使公司所有文件與資料，於內部能迅速且正確的使用及管制，確保各項文件資料之適切性與有效性，以避免不適用文件與資料被誤用。確保文件與資料之制訂（建立）、審查、核准、編號、發行、登錄、分發、修訂、廢止、保管及維護等作業之正確與適當，防止文件與資料被誤用或遺失、毀損，進行有效管理措施。

文件化管理藍圖（Method）

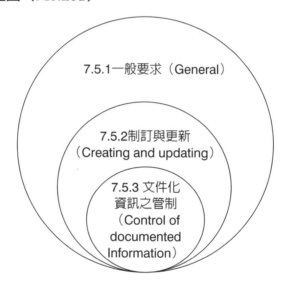

7.5.1一般要求（General）

7.5.2制訂與更新
（Creating and updating）

7.5.3 文件化
資訊之管制
（Control of
documented
Information）

ISO 9001:2015_7.5 文件化資訊（Documented information）條文要求

7.5.1 一般要求

組織的品質管理系統應有以下文件化資訊。

(a) 本標準要求之文件化資訊。

(b) 組織為品質管理系統有效性所決定必要的文件化資訊。

備註：各組織品質管理系統文件化資訊的程度，可因下列因素而不同。

(a) 組織規模，及其活動、過程、產品及服務的型態。

(b) 過程及過程間交互作用之複雜性。

(c) 人員的適任性。

7.5.2 建立與更新

組織在建立及更新文件化資訊時，應確保下列之適當事項。

(a) 識別及敘述（例：標題、日期、作者或索引編號）。

(b) 格式（例：語言、軟體版本、圖示）及媒體（例：紙本、電子資料）。

(c) 適合性與充分性之審查及核准。

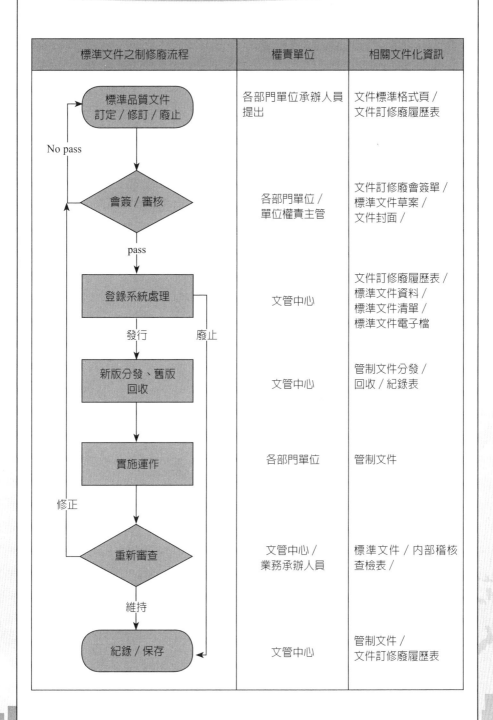

標準文件之制修廢流程	權責單位	相關文件化資訊
標準品質文件 訂定／修訂／廢止	各部門單位承辦人員 提出	文件標準格式頁／ 文件訂修廢履歷表
No pass		
會簽／審核	各部門單位／ 單位權責主管	文件訂修廢會簽單／ 標準文件草案／ 文件封面／
pass		
登錄系統處理	文管中心	文件訂修廢履歷表／ 標準文件資料／ 標準文件清單／ 標準文件電子檔
發行　　廢止		
新版分發、舊版 回收	文管中心	管制文件分發／ 回收／紀錄表
實施運作	各部門單位	管制文件
修正		
重新審查	文管中心／ 業務承辦人員	標準文件／內部稽核 查檢表／
維持		
紀錄／保存	文管中心	管制文件／ 文件訂修廢履歷表

文件制修訂與報廢流程範例

Unit 2-6
文件化管理(2)

　　有關外部文件管制，凡與產品品質相關之法規資料如國家標準規範等，均由企業內文管中心管制並登錄於「文件管理彙總表」，且隨時主動向有關單位查詢最新版公告資料。如有外部單位需要有關文件時，文管中心應於「文件資料分發回收簽領記錄表」登錄，並於發出文件上加蓋「僅供參考」，以確實做好相關管制，以免誤用。

　　文件化管理其目的、範圍與內容，列舉參考：

一、目的：為實踐公司品質政策與目標，而制訂品質手冊、程序書、標準書、品質記錄等文件資料，以發行文件管理之一致性、可溯性，並防止舊版文件被誤用與不當使用。

二、範圍：有關內外部之品質管理系統文件，其編號、制訂、審核、發行、修改、作廢等作業均屬之。

三、內容：

　　3.1 品質管理系統文件包括：

　　　　3.1.1 制訂品質政策及品質目標。

　　　　3.1.2 品質手冊、程序書、標準書、品質記錄等文件資料。

　　　　3.1.3 ISO國際標準所要求之所有文件、記錄。

　　　　3.1.4 為確保流程能有效運作之有關文件。

　　3.2 文件之架構與內容，係考量下列因素：

　　　　3.2.1 公司之規模與作業型態。

　　　　3.2.2 產品流程之複雜程度、相互關係。

　　　　3.2.3 過程管理程度與人員之能力。

　　　　3.2.4 客戶要求。

7.5.3 文件化資訊的管制（Control of documented information）條文要求

7.5.3.1
品質管理系統與本標準所要求的文件化資訊應予以管制，以確保下列事項。
(a) 在所需地點及需要時機，文件化資訊已備妥且適用。
(b) 充分地予以保護（例：防止洩露其保密性、不當使用，或喪失其完整性）。
7.5.3.2
對文件化資訊之管制，適用時，應處理下列作業。
(a) 分發、取得、取回及使用。
(b) 儲存及保管，包含維持其可讀性。
(c) 變更之管制（例：版本管制）。
(d) 保存及放置。
已被組織決定為品質管理系統規劃與營運所必須的外來原始文件化資訊，應予以適當地鑑別及管制。
保存作為符合性證據的文件化資訊，應予以保護防止被更改。

標準文件之分類管制

文件名稱	說　明
原版文件	審核通過後，存檔備查使用
管制文件	文件發行後，據以遵循實施
參考文件	供參考使用，未具任何效力
作廢文件	不符合需求，已改版或作廢

備註1（管制單位）：標準文件不得自行列印、複印、塗改。
備註2（管制章範例）：管制文件章、參考文件章、作廢文件章，應包含單位名稱及日期。

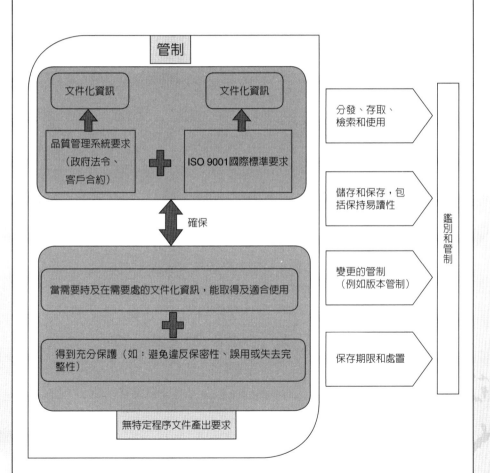

Unit **2-7**
知識管理

知識經濟的時代，企業所要面對的是一個更複雜、快速的環境。近年來全球許多企業紛紛投入知識管理的熱潮中，可見得企業欲透過知識管理創造價值的期待及渴望。多數企業對知識管理的認知仍停留在文件管理及系統建置階段，且不知從何處強化或改善，無法真正落實及發揮知識管理的精神及效益。因此，經濟部工業局主導規劃「知識管理評量機制」，希望透過技術服務業及標竿企業多年來推動知識管理的實務經驗，根據企業知識管理發展過程而設計一套評量機制，可作為企業自我檢視推動現況，並據以調整導入策略及實施做法。

從工業時代到資訊時代，再到知識經濟時代，社會變得更加多元，充滿了不確定性。不過，越懂得善用知識的人，越會發現處處充滿商機。現今透過網路資訊隨時隨地唾手可得，但是哪一些才是企業真正需要的資訊呢？又要如何去蕪存菁地創造企業知識進而為企業帶來財富？又要如何將企業過去成功的經驗傳承下去？這些都是今日面臨全球化競爭的企業所要面對的基本課題。

根據管理大師許士軍教授的分析，台灣企業正面臨以下的困境：組織喪失創新的動力、組織與外界產生隔閡、集權管理結果喪失彈性、基層員工與管理者的無力感。基於多年的產業輔導顧問經驗，認為企業文化的不合時宜，與這些困境互為因果關係，更是企業的通病。如何讓企業文化從僵化到充滿彈性，從被動回應到主動因應，從問題解決模式到預防問題機制，從墨守成規到創新突破，在在都是經營者必須擁有的經營觀念。

知識分享之目的為可配合企業中長期業務發展，激勵員工藉由知識分享管理進行軟性內部、外部溝通，透過知識文件管理、知識分享環境塑造、知識地圖、社群經營、組織學習、資料檢索、文件管理、入口網站等文化變革面、資訊技術面或流程運作面之相關專案導入與推動工作，跨專長提供問題分析、因應對策或其他策略規劃建議，內化溝通型企業文化，營造知識創造與創新思維。

知識管理IPO流程範例

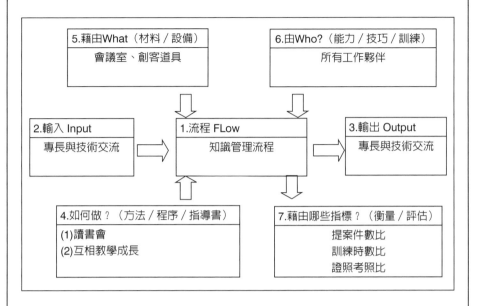

5.藉由What（材料／設備）
會議室、創客道具

6.由Who?（能力／技巧／訓練）
所有工作夥伴

2.輸入 Input
專長與技術交流

1.流程 FLow
知識管理流程

3.輸出 Output
專長與技術交流

4.如何做？（方法／程序／指導書）
(1)讀書會
(2)互相教學成長

7.藉由哪些指標？（衡量／評估）
提案件數比
訓練時數比
證照考照比

實務推動KM問題解決

項目	常見可能遭遇之問題	問題解決方式
企業文化	組織成員對KM知識管理重要性之認知度需要加強	1. 以業務單位為KM推動示範單位，成立推動委員會 2. 以Work-out方式進行策略共識
營運流程管理	業務行銷部門中關鍵作業隱性知識較無法具體表達	1. 建立作業標準書與文件管理分類 2. 挑選部門種子技術教師 3. 推動培養部門師徒導師制
資訊科技硬體方面	電腦設備不足，員工多人共用一部電腦與未能有效進行資訊分享	1. 依Web-ISO平台分享知識，內部提供共用資料使用教學課程 2. Web-ISO平台統一編碼管理與識別
人員素質	業務員工資訊能力強，業務行銷流程未能聚焦產品行銷定位，將產業趨勢資訊轉換成知識書面文件是有困難的	1. 進行業務作業KM分類與盤點 2. 具體規劃產業分析報告KM資料庫 3. 具體規劃產品行銷市場定位圖

Unit **2-8**
風險管理

　　風險是不確定性對預期結果的影響，並以風險為基礎的思維理念，始終隱含在ISO 9001:2015的國際標準，使基於風險的思路更加清晰，並運用它建立與實施，維持和持續要求完善的品質管理系統。

　　企業可以選擇發展更廣泛基於風險的方法要求符合ISO本國際標準，以ISO 31000提供了正式的風險管理指引，可以適當運用在組織環境。

　　風險管理之目的為在可接受的風險水準下，積極從事各項業務，設施風險評估提升產品之質量與人員職業安全衛生。加強風險控管之廣度與深度，力行制度化、電腦化及紀律化。組織部門應就各業務所涉及系統及事件風險、市場風險、信用風險、流動性風險、法令風險、作業風險和制度風險做系統性有效控管，總經理室應就營運活動持續監控及即時回應，年度稽核作業應進行確實查核，以利風險即時回應與適時進行危機處置，制定程序文件。

1. 風險（Risk）：潛在影響組織營運目標之事件，及其發生之可能性與嚴重性。
2. 風險管理（Risk management）：為有效管理可能發生事件並降低其不利影響，所執行之步驟與過程。
3. 風險分析（Risk analysis）：系統性運用有效資訊，以判斷特定事件發生之可能性及其影響之嚴重程度。

　　其中風險評估的整體過程及目的要辨識和瞭解組織的所有工作環境及所有作業活動過程可能出現的危害，並確保這些危害對人員的風險已受到適當評估及處理，並控制在可接受的程度。為達此目的，組織在執行風險評估之前，必須先建立風險評估管理計畫或程序，明確規定如何推動風險評估工作，包含組織內相關部門及人員在風險評估工作上之權責與義務。

　　在風險評估管理計畫或程序中，必須明確規定執行風險評估的時機，列舉(1)建立安全衛生管理計畫或職業安全衛生管理系統時；(2)採用新的化學物質、機械、設備、或作業活動等導入時；(3)機械、設備、作業方法或製程條件等變更時；(4)法令與客戶要求設計變更時。

　　風險評估方法實務應用不盡相同，視組織依其規模、特性及安全衛生法規的要求，考量可用資料合宜性、可用資源（包含人力、技術、財務及時間）等因素，選擇適切於本身需求的方法。

　　組織在執行風險評估時須鼓勵該項作業的員工參與，使評估結果可符合實際情況，並內化員工瞭解其相關工作的危害、控制措施、異常或緊急狀況等之處理，確保其能安全的執行工作。

國際標準 —— 風險管理參考

項次	國際規範	名稱
1	ISO 31000:2009-Risk management-Principles and guidelines	風險管理：原則與指引
2	ISO /TR 31004:2013 provides guidances for organizations on managing risk effectively by implementing ISO 31000:2009.	風險管理：執行ISO 31000之指導綱要
3	ISO /IEC 31010:2009 Risk Management-Risk assessment techniques	風險管理：風險評估技術
4	ISO 14971:2007 Risk Management Requirements for Medical Devices	風險管理：醫療器材之產品

ISO風險評估（以金屬製品製造流程為例）

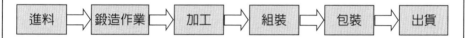

進料 ⟹ 鍛造作業 ⟹ 加工 ⟹ 組裝 ⟹ 包裝 ⟹ 出貨

作業說明：此為一金屬零件製造工廠主要製程，包括進料、鍛造作業、加工、組裝、包裝、出貨。進料時以先以堆高機自碼頭貨車上將貨物載至倉庫，再以固定式起重機吊掛至定位；接下來以鍛造爐進行零件鍛造，進行熱處理後再以衝床、車床、研磨機及鑽孔機等加工，最後以輸送帶包裝出貨。

嚴重度等級	可能性等級			
	P4	P3	P2	P1
S4	5	4	4	3
S3	4	4	3	3
S2	4	3	3	2
S1	3	3	2	1

1.作業／流程名稱	2.危害辨識及後果（危害可能造成後果之情境描述）	3.現有防護設施	4.評估風險			5.降低風險所採取之控制措施	6.控制後預估風險		
			嚴重度	可能性	風險等級		嚴重度	可能性	風險等級
進料入庫－堆高機作業	因堆高機行駛、倒車或迴轉速度過快撞擊鄰近人員致死	(1)堆高機行駛路線規劃 (2)人員行走路線規劃 (3)堆高機設有後退警報裝置、前後照燈、方向指示器、後照鏡等並定期自動檢查	S4	P2	4	(1)規定行駛速限 (2)堆高機行駛路線避免與人員行走路線交叉重疊 (3)交叉路口設置停止線並鳴喇叭警示	S2	P1	3
進料入庫－堆高機作業	堆高機貨物堆積過高視野不良，撞擊作業員致死	(1)堆高機SOP及訓練 (2)堆高機行駛路線規劃 (3)人員行走路線規劃	S4	P3	4	(1)加強（○○作業SOP）監督檢查 (2)限制載貨高度 (3)堆高機貨叉架上標示載貨最高高度	S4	P2	4
進料入庫－堆高機作業	堆高機行駛時，視線不良而撞傷作業員	(1)通道交叉口及視線不良的地方，減速並按鳴喇叭 (2)堆高機設有後退警報裝置、前後照燈、方向指示器、後照鏡等並定期自動檢查	S3	P3	4	(1)轉彎處設置轉角鏡 (2)規定行駛限速及路線 (3)加強行駛路線照明	S3	P2	3
進料入庫－堆高機作業	堆高機停放時，未制動逸走／鑰匙未取出，無關人員啟動撞傷人員	堆高機操作SOP及訓練	S3	P3	4	(1)規劃堆高機之停放區域並設置鑰匙盒 (2)駕駛者離開位置時，應將原動機熄火、制動並拔鑰匙	S3	P2	3
進料入庫－堆高機作業	堆高機停放時，未將貨叉降至地面，人員搬運貨物遭絆倒	堆高機操作SOP及訓練	S3	P2	3	加強巡檢與訓練	S4	P1	3
進料入庫－堆高機作業	作業員站於儀錶板旁調整貨物，誤觸操作桿被夾於桅桿與頂棚間致死	堆高機操作SOP及訓練	S4	P2	4	於儀錶板與貨叉間加設橫桿或護網	S4	P1	3
進料入庫－堆高機作業	作業員未依規定站立於貨叉之高處調整貨物造成人員墜落致死	高處作業SOP及訓練	S4	P3	4	(1)加強宣導－不得使作業員搭載於堆高機之貨叉所承載貨物之托板、撬板 (2)物料區設置移動式工作平台並配戴安全帶，不得以堆高機做為升降機使用	S4	P1	3
進料入庫－堆高機作業	路面傾斜／堆高機過載導致堆高機翻覆，作業員被壓致死	堆高機操作SOP及訓練	S4	P3	4	(1)加強駕駛訓練 (2)堆高機之操作，不得超過該機械所能承受之最大荷重 (3)規定行駛速限	S4	P4	4

個案討論

分組研究個案，試說明符合七大原則中的哪幾項。

章節作業

七大品質管理原則與ISO 9001標準條文關係，請列出說明。

個案學習：防蝕系統設計製造安裝

七大原則	個案學習	條文
顧客導向	客製提供陰極防腐蝕產品服務	
領導	合理價格、高品質與快速服務	
員工參與	上下目標一致、團隊合作	
流程導向	TQM、Lean production	
改進	提供安全穩定快樂職場環境	
以證據為依據之決策	精確、持續改進、及時	
關係管理	曾被評為最佳供應商	

列舉標竿學習個案——優於競爭對手五大領域

顧客服務	
客戶關係	
績效卓越	
工作環境	
成長機會高	

第 3 章

ISO 9001:2015 概述

●●●●●●●●●●●●●●●●●●●●● 章節體系架構 ▼

Unit 3-1
簡介

　　品質管理系統（Quality management system）之推動是組織（Organization）的一個策略決策，可用以協助改進組織的整體績效，也為組織永續發展的開創力提供一個堅實的基礎。依據國際標準實施品質管理系統的組織可獲得以下益處：

1. 有能力一致性提供符合顧客、適用法令及法規要求事項的產品與服務。
2. 創造提高顧客滿意度的機會。
3. 處理與組織內外環境及目標有關聯的風險與機會。
4. 有能力展現符合特定品質管理系統要求事項。

國際標準不隱含以下要求：

1. 不同的品質管理系統在架構上的均一性。
2. 文件化必須與國際標準章節架構具有一致性。
3. 在組織內使用國際標準的特定用語。

　　國際標準所規定的品質管理系統要求事項，和產品與服務要求事項有互補作業。其使用過程導向，其中包括「計畫（P）—執行（D）—檢核（C）—行動（A）」循環及基於風險之思維。過程導向讓組織有能力規劃其過程及過程之交互作用。

小博士解說

　　ISO 9001國際標準條文是每家公司制定品質手冊之依循，一般通則採四階層程序文件。組織內部經跨功能部門，所制訂品質手冊屬二階程序文件所遵循之上位手冊，依此類推。

　　列舉ISO 9001國際標準應用於學校之品質手冊：

　　本校之品質管理系統，涵蓋本校行政服務之目標管理運作、日常運作、持續改善活動……等。在日常服務中，對於教授與老師、行政職工之工作品質，即進行必要之考核或督導，聲明本校行政服務之作業流程中，並無行政服務系統的設計與開發，且任何行政服務均可在作業過程中及服務提供後確認其完整性與正確性，因此，ISO 9001國際標準中，設計與開發及服務提供流程，確認不適用於本校品質管理系統。

　　ISO 9001:2015品質管理系統，國際標準條文可參考附錄3-1。

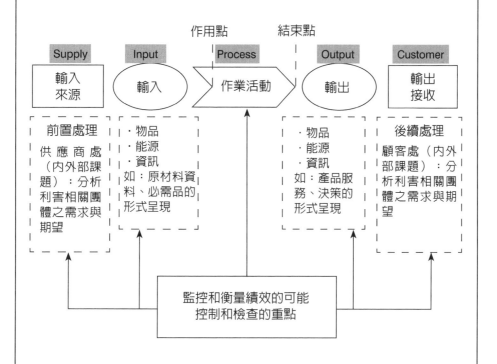

SIPOC 系統思維（中英文對照）

作用點　　　結束點

| Supply | Input | Process | Output | Customer |

輸入來源　　輸入　　作業活動　　輸出　　輸出接收

前置處理
供應商處（內外部課題）：分析利害相關團體之需求與期望

・物品
・能源
・資訊
如：原材料資料、必需品的形式呈現

・物品
・能源
・資訊
如：產品服務、決策的形式呈現

後續處理
顧客處（內外部課題）：分析利害相關團體之需求與期望

監控和衡量績效的可能
控制和檢查的重點

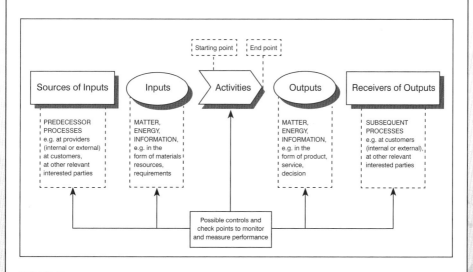

Starting point　　End point

| Sources of Inputs | Inputs | Activities | Outputs | Receivers of Outputs |

PREDECESSOR
PROCESSES
e.g. at providers
(internal or external)
at customers,
at other relevant
interested parties

MATTER,
ENERGY,
INFORMATION,
e.g. in the
form of materials
resources,
requirements

MATTER,
ENERGY,
INFORMATION,
e.g. in the
form of product,
service,
decision

SUBSEQUENT
PROCESSES
e.g. at customers
(internal or external),
at other relevant
interested parties

Possible controls and
check points to monitor
and measure performance

資料參考：https://www.iso.org/standard/

Unit **3-2**
PDCA循環

　　「計畫（P）—執行（D）—檢核（C）—行動（A）」循環，可一體應用於所有過程及品質管理系統。PDCA管理循環，簡易說明如下：

1. 計畫（Plan）：依據顧客要求事項及組織政策，鑑別並處理風險及機會，確立品質管理系統目標及其過程，以及為輸出結果所需要的資源。
2. 執行（Do）：將計畫逐步實施。
3. 檢核（Check）：針對政策、目標、要求事項及所規劃的活動，監督及量測過程、產品與服務，並報告結果。
4. 行動（Action）：必要時採取矯正措施改進績效。

　　連貫的和可預測的結果得以實現更有效活動時，被理解和運用一個連貫的系統相互連結的管理過程。標準鼓勵採用過程方法進行發展，實施和改進品質管理系統的有效性，透過滿足顧客要求，增強顧客滿意度。國際標準內容條文4.4，包括認為必須採用過程方法的具體要求。過程方法的應用過程及其相互作用系統的定義和管理，以達到符合質量方針與組織策略方向的預期（PDCA）方法，進行全面的集中「基於風險的思維」，旨在防止不良後果來實踐的流程和系統作為一個整體的管理。

　　下頁以管理系統圖解方式說明將條文第四章至第十章納入PDCA循環架構內。

　　個案研究，以醫院護理PDCA改善為例說明。

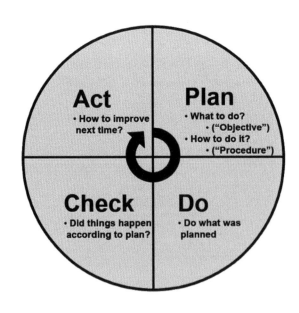

圖解ISO 9001:2015品質管理系統圖 （中英文對照）

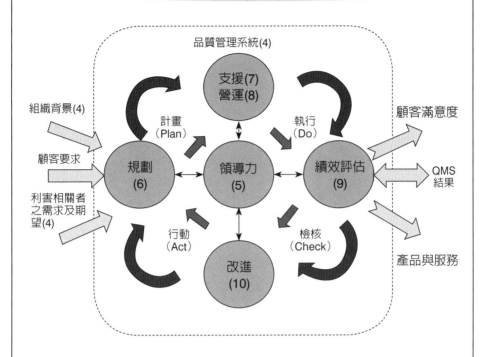

ISO 9001:2015國際標準品質管理系統圖 （標準參考例）

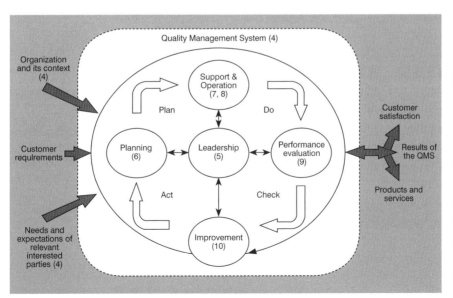

國際標準參考：https://www.iso.org/standard/

Unit 3-3
考量風險思維

　　基於風險之思維（A.4）是達成有效品質管理系統所不可或缺的。它的概念隱含於前一ISO 9001:2008版本中，例如：執行預防措施以消除潛在不符合事項、分析已發生的任何不符合事項，並採取適合於防止不符合後果的措施以預防再發生。

　　為符合國際標準要求事項，組織有需要規劃並實施處理風險及機會之措施，同時處理風險及機會兩者，可建立增進品質管理系統有效性的基礎、達成改進結果及預防負面效應，如顧客抱怨與退貨。

　　有利於達成預期結果的情況，可能帶來機會，例：吸引增加客源、開發新產品與服務、減少廢棄物或改進整體生產力。處理機會之措施也可將相關風險納入考量。風險是不確定性的效應，且任何不確定性可能有其正面或負面效應，風險的正向偏離可能形成機會，但並非所有風險的正向效應都能形成機會。

　　風險機會系統性評估方法，可採評估專案報告提交管理審查會議討論與產業環境風險機會之因應，如PEST分析是利用環境掃描分析總體環境中的政治（Political）、經濟（Economic）、社會（Social）與科技（Technological）等四種因素的一種分析模型。市場研究時，外部分析的一部分，給予公司一個針對總體環境中不同因素的概述。運用此策略工具也能有效的了解市場的成長或衰退、企業所處的情況、潛力與營運方向。

　　常見五力分析是定義出一個市場吸引力高低程度。客觀評估來自買方的議價能力、來自供應商的議價能力、來自潛在進入者的威脅和來自替代品的威脅，共同組合而創造出影響公司的競爭力。

風險基準，常用評估風險等級表

嚴重度等級	可能性等級			
	P4	P3	P2	P1
S4	5	4	4	3
S3	4	4	3	3
S2	4	3	3	2
S1	3	3	2	1

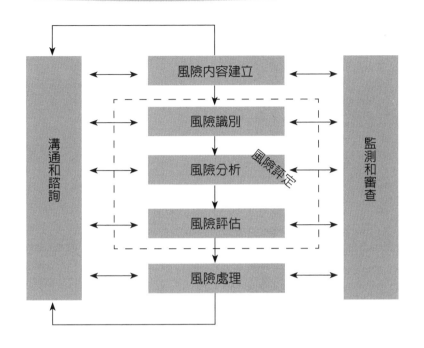

基於風險之思維

風險內容建立

溝通和諮詢

風險識別

風險分析

風險評定

風險評估

風險處理

監測和審查

057

ISO風險評估（以塑橡膠製品製造流程為例）

領發料 → 針車 → 轉印貼合 → 檢查包裝、成品庫存 → 出貨

1.作業／流程名稱	2.危害辨識及後果（危害可能造成後果之情境描述）	3.現有防護設施	4.評估風險			5.降低風險所採取之控制措施	6.控制後預估風險		
			嚴重度	可能性	風險等級		嚴重度	可能性	風險等級
領發料作業	倉庫人員操作推高搬運車至物料架時，因操作不當作業方式錯誤，導致原物料倒下壓傷人員	安全鞋、物料防滑、定期目視檢查	S1	P2	2				
	進貨棧板上原物料，保鮮膜包覆未完整，導致物料從貨架掉落	保鮮膜包覆	S1	P1	1				
	厚重物料從料架台搬運至備料區時，不慎造成掉落，砸傷人員	無	S1	P1	1				
針車作業	於針車作業時，操作人員留長髮，造成被針車捲入	無	S3	P1	3	規定不散髮上線	S2	P1	2
	針車機作業中遇斷針情事，易造成人員受傷	部分有擋針裝置	S1	P1	2	斷針記錄	S1	P1	1
轉印貼合作業	轉印機因排氣不良，造成抽風機不順暢	多層隔絕	S1	P1	1				
	人員操作轉印機，不慎碰觸到，造成燙傷	高溫區域警示	S2	P1	2				
	轉印作業時，因人員未依規定，配戴手套作業，作業時手部被燙傷	緊急停止裝置	S2	P2	3				
	轉印過程屬高溫作業，人員長時間於附近作業，恐有產生熱危害之虞	提供冷飲、排風機	S1	P2	2				
檢查包裝、入庫	包裝作業時，未配戴手套作業，作業時手部被割傷或泡殼機燙傷（約80度）	無	S2	P2	3	依規定戴手套	S2	P1	2
	使用堆高機載運成品時，未確實進行綑綁，造成成品掉落砸傷附近作業人員		S1	P2	2				
	使用堆高機載運成品時，載運高度過高，阻擋行進視線，造成撞傷人員		S2	P2	3				
出貨	人員於裝貨（貨櫃）時，堆高機卸貨時因附近無淨空，成品掉落砸傷人員		S2	P2	3				
	作業人員於裝貨（貨櫃）時，使用堆高機作為至貨櫃之機具，因人員重心不穩造成墜落危害		S4	P2	4	(1)嚴禁人員使用堆高機進行升降工具 (2)教育訓練與加強宣導	S2	P2	3

Unit **3-4**
與其他管理系統標準之關係

　　ISO 9001:2015國際標準條文規定要求事項，主要目的係對組織所提供的產品與服務建立信心，並藉以提高顧客滿意度。正確地實施亦可預期將帶給組織其他加值益處，例如：改進內部溝通、更佳地了解及管制組織的過程。本標準架構，推動融合改進管理系統標準間的一致性。

　　ISO 9001:2015讓組織有能力使用過程導向，連結PDCA循環及考量風險之思維，以使其品質管理系統與其他管理系統標準的要求事項一致或融合。

　　ISO 9000品質管理系統之基本原理與詞彙，提供必要的背景資料，以了解及實施ISO 9001。品質管理原則詳述於ISO 9000，並在制定ISO 9001時將其納入考量。此基本原則並非要求事項，但為ISO 9001所規定要求事項之基礎。ISO 9000亦界定ISO 9001所使用之用語、定義及觀念。

　　ISO 9004組織永續成功之管理之品質管理方式，對選擇逐步推動超越ISO 9001要求事項的組織提供指引，提出可引導組織改進整體績效的更寬廣之主題範圍。包括自我評鑑方法之指引，組織可用以評估其品質管理系統之成熟度。

　　ISO 9001不包括專用於其他管理系統之要求事項，例如ISO 14001、ISO 45001之要求事項。關於ISO 9001:2015與其他國際標準，詳細之系統條文對照表請參見本書附錄1：

　　　　附錄1-1　融合ISO 13485:2016
　　　　附錄1-2　融合ISO 14001:2015
　　　　附錄1-3　融合ISO 45001:2018
　　　　附錄1-4　融合ISO 50001:2018

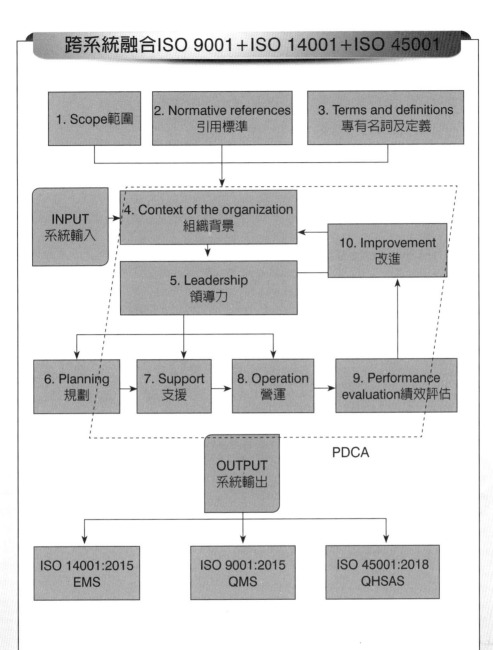

跨系統融合ISO 9001＋ISO 14001＋ISO 45001

1. Scope範圍

2. Normative references
引用標準

3. Terms and definitions
專有名詞及定義

INPUT
系統輸入

4. Context of the organization
組織背景

10. Improvement
改進

5. Leadership
領導力

6. Planning
規劃

7. Support
支援

8. Operation
營運

9. Performance
evaluation績效評估

PDCA

OUTPUT
系統輸出

ISO 14001:2015
EMS

ISO 9001:2015
QMS

ISO 45001:2018
QHSAS

個案討論

分組研究個案,從品質文件中,說明品質管理系統圖的優點特色。

章節作業

分組實作展開一SIPOC系統流程。

第 **4** 章

組織背景

●●●●●●●●●●●●●●●●●●●●●●● 章節體系架構 ▼

Unit **4-1**
了解組織及其背景

產業內外部環境機會之因應，可善用四大工具：

一、PEST分析

是利用環境掃描分析總體環境中的政治（Political）、經濟（Economic）、社會（Social）與科技（Technological）等四種因素的一種模型。市場研究時，外部分析的一部分，給予公司一個針對總體環境中不同因素的概述。運用此策略工具也能有效的了解市場的成長或衰退、企業所處的情況、潛力與營運方向。

二、五力分析

是定義出一個市場的吸引力高低程度。客觀評估來自買方的議價能力、來自供應商的議價能力、來自潛在進入者的威脅和來自替代品的威脅，共同組合而創造出影響公司的競爭力。

三、SWOT強弱危機分析

是一種企業競爭態勢分析方法，是市場行銷的基礎分析方法，透過質化或量化評價企業的優勢（Strengths）、劣勢（Weaknesses）、競爭市場上的機會（Opportunities）和威脅（Threats），用以在制定企業的發展戰略前，對企業進行深入全面的分析以及競爭優勢的定位。

四、風險管理

是一個管理過程，包括對風險的定義、鑑別評估和發展因應風險的策略。目的是將可避免的風險、成本及損失極小化。精進風險管理，經鑑別排定優先次序，依序優先處理引發最大損失及發生機率最高的事件，其次再處理風險相對較低的事件。

ISO 9001:2015_4.1 Context of the organization條文要求

組織應決定與其目標和策略方向直接相關，且影響組織達成其品質管理系統預期結果的能力之外部及內部議題。

組織應監督及審查（Review）與此等外部及內部議題有關之資訊。

備註1. 議題可包括列入考量的正面及負面影響之因素或情況。

備註2. 考量國際、國家、區域或地方的法令、技術、競爭、市場、文化、社會及經濟環境所引發之議題，可促進對外部環境的了解。

備註3. 考量與組織有關的價值觀、文化、知識及績效等議題，可促進對內部環境的了解。

SWOT分析工具

SWOT矩陣	優勢 Strengths（內部分析 Internal）	弱勢 Weaknesses（內部分析 Internal）
	・操作人員非常技術熟練 ・大部分銷售都是重複訂單 ・強大／穩定的採購流程	・現有產品／服務的交貨週期很長 ・新產品的開發週期很長
機會 Opportunities（外部分析 External） ・新的地域開放 ・市場尋求技術幫助 ・可能的獨家供應 ・授權認可公司的趨勢 ・客戶希望更快交貨	S-O策略（進攻） 利用今日的機會	W-O策略（進攻） 克服弱點以追求機會
威脅 Threats（外部分析 External） ・顧客抱怨行銷守舊 ・競爭對手積極定價 ・不是新地區的玩家 ・客戶需要最新的技術 ・供應商提高成本	S-T策略（防禦） 增強和加強競爭優勢	W-T策略（防禦） 制定防禦計畫，防止弱點變得更容易受到外部威脅

五力分析工具

・經濟規模大小
・專利保護優勢
・產品與服務差異化
・品牌度
・轉換成本
・資金需求
・獨特配銷通路
・政府法規與政策

潛在進入者（新進入者的威脅）

威脅

・由少數供應者主宰市場狀況
・對購買者而言，無適當替代品
・對供應商而言，購買者並非重要客戶
・供應商的產品對購買者的成敗具關鍵地位
・供應商的產品對購買者而言，轉換成本極高
・供應商容易向前整合

供應商（供應商的議價能力）

議價力

同業競爭壓力（現有廠商的競爭程度）

買方（購買者的議價能力）

議價力

・購買者群體集中，採購量很大
・所採購的是標準化產品
・轉換成本極少
・購買者容易向後整合
・購買者的資訊充足

威脅

・替代品有較低的相對價格
・替代品有較強的功能
・購買者面臨低轉換成本

替代品（替代品或服務的威脅）

Unit 4-2
了解利害關係者之需求與期望

圖解國際標準驗證ISO 9001:2015實務

066

　　利害關係者（Interested party）鑑別可依據AA1000 Stakeholder Engagement Standards之六大原則，包含責任、影響力、親近度依賴性、代表性、政策及策略意圖，由社會企業責任CSR委員會評估小組成員及相關代表，依據上述原則確認爲股東及投資者、政府機關、客戶、供應商、員工及社區。

　　個案研究列舉標竿企業上銀科技在照顧員工與投資者的最大獲利之時，也追求公司永續發展。爲確保企業永續發展之規劃與決策，須與公司所有利害關係人建立透明及有效的多元溝通管道及回應機制，將利害相關人所關注之重大性議題引進企業永續發展策略中，作爲擬定公司社會責任實行政策與相關規劃的參考指標。

　　個案研究列舉標竿企業伸興工業公告強調利害關係人的鑑別與溝通，是企業社會責任的基礎。爲了解利害關係人對於本公司之經濟、人權、社會與環境面等關注事項，我們透過問卷調查、客服網路信箱、股東大會、員工福利委員會等方式，收集來自內部與外部不同管道之意見，做爲日後研擬公司管理方針之參考。

例舉農產企業利害關係者

農產企業	有哪些利害關係者
咖啡豆業	種苗場→農夫→農會合作社→大盤商→品牌商→貿易商
蘭花業	農藥商，政府機關（如農委會、國貿局……），國際貿易組織
稻米農業	

ISO 9001:2015_4.2條文要求

　　由於利害相關者對組織一致性提供符合顧客及適用法令以及法令要求事項之產品及服務的能力，有其影響或潛在影響，組織應決定下列事項。

(a) 與品質管理系統有直接相關的利害相關者。

(b) 此等與品質管理系統有直接相關的利害相關者之要求事項。

組織應監督與審查有關此等利害相關者及其直接相關要求事項之資訊。

個案研究：伸興工業利害關係者

對象	關注議題	溝通管道
客戶	產品品質 公司營運狀況 產品交期與價格 符合法令規範	營業部門不定期拜訪客戶 不定期客服網路信箱 客戶案件結束後做客戶滿意度調查 年經銷商大會了解客戶需求 E-mail、電話往來溝通 不定期參與相關產品展覽會、直接了解客戶及市場發展方向 不定期客戶直接來廠拜訪
投資人／銀行	營運狀況 股利政策	法人來訪、電訪、每月定期公布營運概況資訊 年股東大會、編製及發放年報 不定期官網設立投資專區 設置股東聯絡窗口及信箱 設有發言人及法人股東聯絡窗口 不定期電子溝通平台 定期或不定期銀行來訪、審核授信資料
員工	薪資福利 公司治理 勞資關係 職業安全	公司網站 員工福利委員會
社區居民	環境衛生 公益活動	公司網站及信箱 公益活動
政府機關	安全衛生 勞工人權	公文往來 會議參與
供應商	供應鏈管理 符合法令規範	供應商大會 供應商稽核
保險公司	營運狀況 符合法令規範	電話及E-mail往來 保險知識教育訓練 到廠溝通

Unit 4-3
決定品質管理系統之範圍

品質管理系統範圍，依公司場址所有產品與服務過程管理，輸入與輸出作業皆適用之。包括一階委外加工供應商、客供品管理等。

有關適用性，ISO 9001標準並無排除事項，但組織可依其規模大小或複雜性、其所採行的管理模式、其活動的範圍，及其所面對的風險與機會之性質，審查ISO 9001標準要求事項之適用性。

ISO 9001:2015_4.3條文要求

組織應決定品質管理系統的界限及適用性，以確立其範疇。

決定此範疇時，組織應考量下列事項：

(a) 條文4.1提及之外部及內部議題。

(b) 條文4.2提及之直接相關利害相關者（Relevant interested party）之要求事項。

(c) 組織之產品與服務。

組織應實施其所決定的品質管理系統範疇內，所適用本標準之所有要求事項。

組織應將其品質管理系統範疇之文件化資訊備妥並維持。此範疇應說明品質管理系統所涵蓋的產品與服務之類型，並提供組織決定本標準任何要求事項不適用於其品質管理系統範疇的正當理由。

組織若決定不適用本標準任一要求事項時，必須不影響組織確保產品與服務符合性及增強顧客滿意度之能力或責任，始得宣稱符合本標準。

小博士解說

ISO 9001國際標準條文是每家公司制定品質手冊之依循，一般通則採四階層程序文件。組織內部經跨功能部門，所制訂品質手冊屬二階程序文件所遵循之上位手冊，依此類推。以下列舉ISO 9001國際標準應用於食品業之品質手冊。

1.1 目的

本手冊之制訂遵照CNS 12681（ISO 9001:2015）之精神架構為主，制定品質手冊的目的，係本公司充份體認優良食品及服務品質為企業永續經營的基礎，並以建立全面品質保證體系為首要策略，因此訂定本手冊為公司實施全面品質管理之指導綱要，手冊內容述明品質政策、品質目標、業務與生產計劃，及達成全面品質保證系統正常運作所須之相關權責與各項作業程序。

品質手冊之落實執行，及日後更新修訂，是本公司邁向全面品質保證之最佳證明，品質手冊為：

1.1.1.各部門不同功能品質活動、各項作業程序及管理辦法與操作說明書之最高指導綱要。

1.1.2.各部門團隊合作實踐品質目標的依據。

1.1.3.提供客戶對本公司持續提升品質的承諾與保證。

因此，品質保證制度之建立，確保公司之產品及服務品質能滿足客戶之需求。除本手冊外，另訂有詳細之功能別作業程序及管理辦法與操作說明書等文件做為各部門業務執行之依據。

1.2 適用範圍

本品質手冊適用於本公司之「ISO 9001: 2015品質管理系統國際條文之要求事項」。

ISO 9001:2015品質管理系統，國際標準條文可參考附錄3-1。

ISO 9001:2015與ISO 22000:2018條文對照表，可參考 Unit1-12。

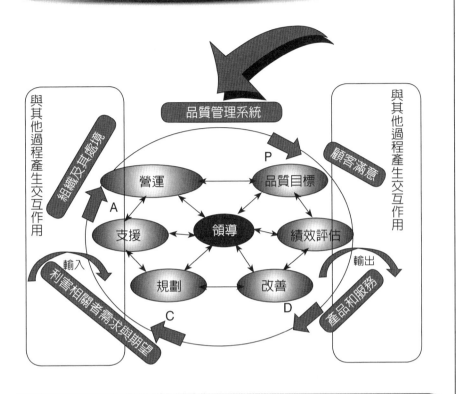

圖解QMS系統範圍

品質管理系統

組織及其處境

與其他過程產生交互作用

顧客滿意

與其他過程產生交互作用

P

營運 — 品質目標

A

支援 — 領導 — 績效評估

規劃 — 改善

C D

輸入

利害相關者需求與期望

輸出

產品和服務

稽核系統範圍

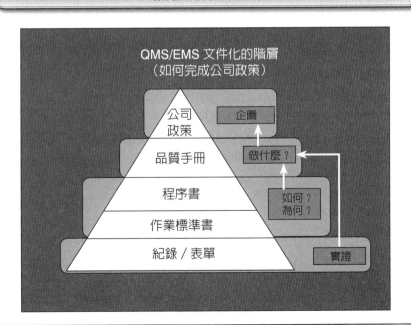

QMS/EMS 文件化的階層
（如何完成公司政策）

公司政策 — 企圖

品質手冊 — 做什麼？

程序書 — 如何？為何？

作業標準書

紀錄／表單 — 實證

Unit **4-4**
品質管理系統及其過程

　　企業組織流程觀點目標，以協同合作的決策來充分滿足顧客需求，整個組織的決策都應盡全力運用有限資源來創造顧客價值。

　　SIPOC流程模型是美國品管大師戴明博士提出的管理系統模型，包含Supplier（供應商）、Input（輸入）、Process（流程）、Output（輸出）、Customer（客戶），用於流程管理和流程改進的技術，是最常被使用的管理工具。

　　流程思考所需的改變，主要在於人與人的工作關係以及跨功能的工作方式。它將影響企業的各個層面，從績效評估、工作設計，到管理職責以及組織結構。管理者的領導力必須包含流程思考，供應鏈管理等，才能創造更有競爭力的企業經營模式。流程思考，以跨部門協調來使決策符合企業品質政策，組織內外每個流程都包含資訊流、物流、金流以及增加附加價值的所有活動過程。

　　任何規模的組織，決定相互連貫關係團隊中，任何一個角色的失敗都會使顧客不想購買產品，每個決策所產生的跨部門關聯性必須明確地被考量，品質管理系統思考讓管理者在理解品質管理權衡之後，能做出更好、更具競爭力的品質政策。

ISO 9001:2015_4.4條文要求

4.4.1 組織應參照本標準要求事項建立、實施、維持並持續改進品質管理系統，包含所需要的過程及其交互作用。
組織應決定品質管理系統在組織各處所需要的過程及其應用，並應包含下列事項：
(a) 決定相關過程所需之投入及預期的產出。
(b) 決定相關過程之順序及交互作用。
(c) 決定並應用所需的準則及方法（包含監督、量測及有關的績效指標），以確保相關過程之有效營運及管制。
(d) 決定相關過程所需要的資源並確保其可取得性。
(e) 指派相關過程的責任及職權。
(f) 處理依條文6.1要求事項所決定之風險及機會。
(g) 評估相關過程並實施任何需要的變更，以確保相關過程達成其預期結果。
(h) 改進過程及品質管理系統。
4.4.2 組織應根據其需要，從事以下工作。
(a) 維持文件化資訊，以支援其各項過程之營運。
(b) 保存文件化資訊，以對過程確實依照規劃實施具有信心。

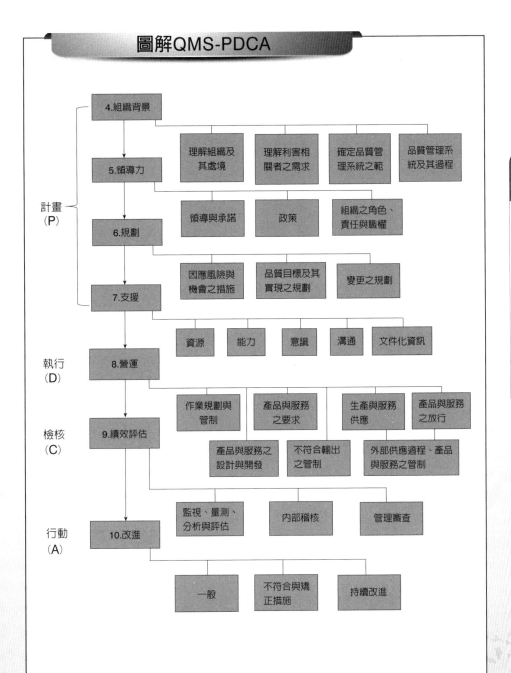

圖解QMS-PDCA

計畫 (P)

- 4.組織背景
  - 理解組織及其處境
  - 理解利害相關者之需求
  - 確定品質管理系統之範圍
  - 品質管理系統及其過程
- 5.領導力
  - 領導與承諾
  - 政策
  - 組織之角色、責任與職權
- 6.規劃
  - 因應風險與機會之措施
  - 品質目標及其實現之規劃
  - 變更之規劃
- 7.支援
  - 資源
  - 能力
  - 意識
  - 溝通
  - 文件化資訊

執行 (D)

- 8.營運
  - 作業規劃與管制
  - 產品與服務之要求
  - 生產與服務供應
  - 產品與服務之放行
  - 產品與服務之設計與開發
  - 不符合輸出之管制
  - 外部供應過程、產品與服務之管制

檢核 (C)

- 9.績效評估
  - 監視、量測、分析與評估
  - 內部稽核
  - 管理審查

行動 (A)

- 10.改進
  - 一般
  - 不符合與矯正措施
  - 持續改進

補充個案研究

TSMC台積電利害關係人

利害關係者	溝通管道	關注議題	2012年相關活動與重點
員工	公司性公告／錄影談話 人力資源服務代表 各組織定期／不定期溝通會 多元的員工意見管道，如各廠馬上辦系統／HR員工意見箱／各廠健康中心／健康中心網站	公司治理 符合法令規範 勞資關係 薪資福利 職業安全與健康	成功創造身心障礙者多元工作機會。截至2012年底，台積公司身心障礙者之進用人數達319人，較2011年度增加74% 提供多項女性關懷專案，建立無後顧之憂的工作環境。2012年，針對懷孕同仁推出的女性關懷六部曲，整合現有內部資源，舉辦如成長團體、一日健康餐及新手媽媽購物平台等活動，發送新手爸爸福利包，並加強對主管的宣導及提醒，進一步提升公司軟硬體設施，塑造更舒適的工作環境
客戶	年度客戶滿意度調查 客戶每季業務檢討會議 客戶稽核	綠色產品 無衝突礦源調查 機密資訊保護	完成年度客戶滿意評估與調查 完成年度衝突礦源調查，共有15家相關供應商宣告無使用來自衝突地區礦源
供應商	供應商每季業務檢討會議 供應商問卷調查 供應商現場稽核 年度供應鏈管理論壇	供應鏈管理 環保、安全與衛生管理 符合法令規範	2012年舉辦台積電供應鏈永續發展暨風險管理論壇，首次特別邀請廢棄物清理與再利用廠商共襄盛舉，顯示台積公司同樣關心廢棄物管理相關廠商之永續發展 完成56家主要供應商問卷調查或現場稽核，結果均符合台積公司供應商永續性要求
股東／投資人	每年舉行股東大會 每季舉行法人說明會 參加海內外投資機構研討會及面對面溝通會議 透過電話及電子郵件回答投資人及分析師的提問，並定期收集意見回饋 每年發行公司年報、美國證期局20-F、企業社會責任報告、不定期於公開觀測站發布重大訊息或於公司網站公布公司各項新聞	半導體業之展望 公司在產業中的競爭優勢 未來成長潛力 獲利能力的持續提升 股利政策	自2012年七月起將每季法人說明會與電話會議合併舉行，達成訊息一致性與及時性效益 強調台積公司28奈米製程快速量產所帶來的成長動力及競爭優勢 強調台積公司在行動運算的風潮中的發展利基及成長潛力 說明因應未來成長動能的資金需求及股利政策

利害關係者	溝通管道	關注議題	2012年相關活動與重點
政府	公文 法規說明會或公聽會 透過園區同業公會、台灣半導體協會、世界半導體協會、全國工業總會與主管機關溝通	溫室氣體減量 水資源管理 綠色產品 節水節電	與經濟部水利署合辦「水資源論壇」，共有約300位來自政府機關、學術界與產業界的主管、專家學者與業務執行人員參加 繼2011年的熱烈迴響，與台大公衛學院合作再次舉辦「第二屆勞工健康論壇」，廣邀產官學界代表與相關科系學生共300多位來賓參與
社區／非政府／非營利組織	基金會科普教育專案 基金會美育推廣專案 基金會提供藝文贊助及台積心築藝術季舉辦 志工活動 公司網站／E-mail 參加政府機關舉辦之座談	科技人才培育 人文美育增添 國內及社區藝文發展 志工服務 全球氣候變遷	9場次志工招募訓練 1日假日志工活動
外部評比機構	問卷調查 公司網站／E-mail 獎項競賽	全球氣候變遷 水資源管理 生態保育	連續第十二年獲選為「道瓊永續指數」的成分股，並且繼2010年之後，再次獲選為該指數全球半導體廠商中的永續經營領導者
媒體	記者會 採訪 新聞稿	景氣變化與公司營運狀況 擴廠及投資計畫 人才招募	與天下遠見出版公司合作，將台積公司多年的綠建築經驗集結出版二本專書：《台積電的綠色力量—21個關鍵行動打造永續競爭力》及《台積電的綠色行動高效能綠廠房的實務應用》與外界分享

個案學習標竿

TSMC台積電公司

員工	不定期內部網站、電子郵件、海報 不定期人力資源服務代表 一季一次各組織溝通會 不定期員工意見反映管道 不定期員工申訴直通車（Ombudsman） 不定期審計委員會Whistleblower 舉報系統
股東／投資人	一年一次股東大會 一季一次法人說明會 依需求安排2016年度與318家投資機構進行超過234場次 不定期排電子郵件 不定期財務報告 一季一次公司年報、企業社會責任報告書、向美國證管會申報之20-F 一年一次公司年報、企業社會責任報告書、向美國證管會申報之20-F 不定期公開資訊觀測站重大訊息、台積公司官網各項新聞
客戶	一年一次客戶滿意度調查 一季一次客戶業務檢討會議 不定期客戶稽核 不定期電子郵件
供應商	一季一次業務檢討會議 一年一次問卷調查 107場現場稽核 一年一次供應鏈管理論壇 8場從業道德規範宣導
政府	不定期公文往來 不定期說明會、公聽會或研討會 不定期主管機關稽核 不定期透過園區同業公會、台灣半導體協會、世界半導體協會、全國工業總會 與主管機關溝通
社會	不定期社區大型藝術活動 一週至少一次志工服務 不定期CSR Mailbox 每天「台積愛行動」臉書官方粉絲頁
媒體	32篇新聞稿 2則聲明稿 9場記者會 1場媒體導覽 14次採訪

UMC聯華電子利害關係人

利害關係者	溝通管道	關注議題	對應措施
客戶	線上服務平台MyUMC 定期溝通討論會議 問卷回覆 現場稽核討論 VOC客戶線上即時申訴系統 客戶滿意度監控	客戶服務 創新管理 顧客隱私 永續發展策略 倫理與誠信	安全產品共同準則 客戶持續服務 風險管理
員工	CEO與同仁座談、秘書座談、福委會大會、廠處溝通會、勞資會議、溝通專區 員工專屬資訊網站、BBS留言板、性騷擾投訴、舞弊或違反從業道德檢舉信箱、意見反應平台、保密申訴制度、幫幫我專線 聯電人網站、聯電CSR電子報、福利措施相關之員工滿意度調查、服務滿意度調查、HR滿意度調查、員工認同度調查	薪酬與福利 永續發展策略 經濟績效 員工溝通 人權	持續執行產業薪資調查 福利資訊平台 員工健康及工作生活平衡 強化經營策略與方針溝通 尊重國際勞工與人權規範標準
投資者	每年股東大會 每季法人說明會 財務年報 每季國內外營運說明會 海內外投資機構研討會	勞資關係 永續發展策略 經濟績效 公司治理 倫理與誠信	公司治理評鑑作業 股東說明會 建置財務暨營運報告
供應商	檢討報告或會議 環安衛及企業社會責任相關管理說明 問卷調查與稽核訪查 與供應商進行環安衛及企業社會責任相關合作計畫	顧客隱私 永續發展策略 客戶服務 法規遵循 倫理與誠信	供應商BCM管理 永續發展研討與說明
政府機關	參與園區、科管局之機能組織運作 主管機關主辦的法規公聽會、研商座談會	法規遵循 職業健康與安全 環境管理 能源使用 化學品使用	溫室氣體減量及管理 專區工安專家平台 能源減量計畫
社區／非營利組織	專責負責單位與社區居民溝通 定期參與里民大會 年節拜訪里鄰長與社區居民 邀請社區居民參加公司家庭日活動 參與社團活動或座談會 參與外部協會運作	法規遵循 環境管理 人權 當地社區 職業健康與安全	家庭日活動 志工文化 節能安全志工示範團隊
媒體	記者會 發布新聞稿 公司網頁	廢污水排放 水資源使用 經濟績效 永續發展策略 能源使用	發布營運與永續管理項關新聞稿 GREEN 2020綠色環保目標

HIWIN 上銀科技利害關係人

	關注議題	溝通平台與方式	對應措施
員工	經濟績效 間接經濟衝擊 產品法規遵循	勞工代表參加會議 網站專區 申訴信箱 企業社會責任報告書	健全及優渥的薪資福利 多元化的員工溝通管道 關照員工身心靈健康的各種機制 定期月會宣達公司經營情況與目標
股東	經濟績效 行銷溝通 環境法規遵循 產品法規遵循	年度股東會 參與公共政策等相關會議 公文往來 法人說明會 網站 媒體新聞	至少每季召開一次董監事會，以審查企業經營績效和討論重要策略議題 藉由董事會高層討論各項可能之重大風險擬定營運計畫，透過內部流程嚴密管控，持續改善 公司相關之重要決議及時公布於台灣證券交易所之公開資訊觀測站 隱私及營業秘密內部管制
客戶	產品及服務標示 行銷溝通 顧客隱私 產品法規遵循	年度客戶滿意度調查 網頁更新／3D網站建置 客戶關係管理軟體 產品推展	透過客戶調查與經常性的拜訪、交流、提供優質的售前與售後服務 藉由網頁的更新，連結子公司網站以及3D網站建置，讓客戶快速了解產品、服務訊息 透過軟體管理維護客戶拜訪資料及售後服務資訊；展覽以及官網商機留言所得到的潛在商機訊息也可藉由軟體進行列管與追蹤 參加展覽推廣新產品 安排子公司／經銷商教育訓練 新產品於總部大廳展示，客戶來訪時可以介紹推廣
供應商	環境法規遵循 產品及服務標示 行銷溝通 顧客隱私	供應商調查／評鑑 供應商業務檢討會議 採購安全衛生管理 百大供應商抽核	供應商風險評估 採購安全衛生規範
承攬商	環境法規遵循 產品及服務標示 行銷溝通 顧客隱私	定期舉辦承攬商協議組織會議 訂定承攬商安全衛生環保協議組織管理辦法 實地稽核	定期辦理年度協議會議 承攬商年度評比 辦理內部員工監工訓練
政府機關	間接經濟衝擊 環境法規遵循 產品責任法規遵循	政策推動與投入 參與相關研討會活動 推動環安衛系統驗證 企業社會責任報告書	與政府機關共同攜手合作 申請、投入政府機關 遵守政府環安衛法令規章 加強污染預防工作

	關注議題	溝通平台與方式	對應措施
當地社區	經濟績效 間接經濟衝擊 環境法規遵循	企業網站 / E-mail 財務年報、不定期發布營運新聞 上銀科技基金會舉辦志工活動 企業社會責任報告書	公司網站定期或不定期公告訊息 志工團 建置國小圖書館 企業社會責任報告書發行
公協會	間接經濟衝擊 顧客的健康與安全 行銷溝通	主管機關舉辦各類座談會、研討會 參與相關活動 企業社會責任報告書 公司網站 / E-mail	遵守政府法令規章 定期與不定期參與座談及研討會 企業社會責任報告書發行 公司網站定期或不定期公告訊息
學界	經濟績效 間接經濟衝擊 環境法規遵循	公司網站 / E-mail 財務年報、不定期發布營運新聞 上銀科技基金會舉辦志工活動 企業社會責任報告書 安排參訪活動	每年定期舉辦上銀機械碩士、博士論文獎 智慧機械手實作競賽 HIWIN論壇 參訪活動安排及邀請企業社會責任報告書發行
媒體	經濟績效 顧客的健康與安全 產品責任法規遵循	即時透過新聞稿回應 企業網站 上銀科技基金會舉社會參與活動 企業社會責任報告書 記者會	公司網站不定期更新 財務年報公布公司經營訊息 企業社會責任報告書發行

MORE車王電子利害關係人

利害相關者 主要議題	對象	負責單位	溝通管道	主要議題
員工	正職員工 約聘雇員工 外籍員工 工讀生	人資	每季一次勞資會議 不定期個案訪談 每年健康檢查 不定期提案改善	
供應商	供應商、承攬商、外包商等合作夥伴	採購 總務 生產	電話／傳真 電子郵件 函文 教育訓練課程 相關作業表單 申訴電子信箱： ann@more.com.tw 供應商調查 不定期訪談	供應商的企業社會責任 認知供應商評比 符合法令規範 公司願景與永續發展策略 採購環保與安全管理 供應商管理
政府	目的事業主管機關（例：縣市政府、消防警察勞安環安所屬機關金管會等）	總務 財務	電話／傳真 電子郵件 函文 所屬該機關之網站申報系統 抽查、訪視 專屬對應窗口	法令遵循 環境保護 勞工權益 公司治理
社區	加工出口區管理中心、廠房鄰近社區等	人資 企劃 財務 總務	企業網站 加工出口區管理處網站 專屬對應窗口 不定期電話／傳真	社會關懷與公益活動 環境保護 勞工權益 公司治理
非政府組織	公協會 環保團體 公益團體媒體	企劃室 發言人	企業網站 函文 電子郵件 電話／傳真 公協會會務參與 不定期記者會 不定期媒體專訪 不定期新聞發布 專屬對應窗口	社會關懷與公益活動 異業交流 公司治理

個案討論

根據農委會動保處統計，2017年全台犬貓飼養數超過250萬隻，較2015年同期增加10%，成長率遠高於每年不到1.5%的人口生育率。

請分析毛小孩寵物市場成長趨勢的內外部環境因應，如何提升服務品質管理？

章節作業

> 動物王國倒閉！17家分店全停業原因是……
>
> 業者2018/9/27張貼公告如下：
> 　各位協力廠商，感謝各位多年來的支持，才能夠持續的發展至今三十多年，也一直維持良好的營運。
> 　然而因為個人決策失誤，投資電商三年，造成嚴重的虧損，影響了正常門店的營運週轉，在此統一通知各協力廠商辦理退貨事宜，減少各位廠商損失。
> 　經營不善對各廠商夥伴，除了萬分抱歉外真的沒有其他藉口，希望在餘生之年，有機會能補償，再一次真誠的向各位說聲對不起，並儘可能的振作起來，讓自己找到出路，只要我還活著一定會負起責任，十七家店也希望儘速找到頂讓店面的人，也希望同業能接手店面，換回能償還的資金，對廠商能增加還款的財源。
> 　今明二天9/27、9/28，中午十二點起，請各廠商安排到店辦理退貨相關事宜，也麻煩各位配合順序安排逐一退貨。

　請以利害關係者的角度（您是股東），提出檢討報告與因應措施。

第 **5** 章

領導力

章節體系架構 ▼

Unit **5-1**
領導與承諾

　　台積電公司成立至今超過30年，不論是在營收、營業獲利以及在世界上的重要性等層面上，都創造了「奇蹟性的成長」，印證了領導與承諾的實踐。

　　台積電董事長張忠謀表示，他對台積電的未來並不擔心，因為他相信新選出的董事會、領導階層，將會是很能幹、有能力的團隊，而且能堅持台積電的4大傳統價值，也就是「誠信正直」、「承諾」、「創新」、「要贏得客戶的信任」，可以順利接班，所以台積電的奇蹟絕對還沒有停止。

　　觀察台積電公司團隊上下一心，領導階層與品質政策承諾的實踐力，從組織內外環境中之核心作業活動與附屬作業活動的競爭實力。張忠謀常舉台積電運動會上常常喊的口號「我愛台積，再創奇蹟」，並說台積電的奇蹟，將會一次又一次的持續創造與實踐。

ISO 9001:2015_5.1條文要求

5.1.1 一般要求

　　最高管理階層（Top management）應針對品質管理系統，以下作為展現其領導力與承諾。

(a) 對品質管理系統的有效性負責。

(b) 確保品質管理系統的品質政策與品質目標被建立，並配合組織內外環境及策略方向。

(c) 確保品質管理系統要求事項已整合到組織的業務過程中。

(d) 促進使用過程導向與基於風險之思維。

(e) 確保品質管理系統所需資源已備妥。

(f) 溝通有效品質管理及符合品質管理系統要求事項的重要性。

(g) 確保品質管理系統可達成其預期結果。

(h) 連結、指導與支持員工對品質管理系統之有效性作出貢獻。

(i) 提升持續改善。

(j) 支援其他直接相關管理階層的職務，以展現其責任領域之領導力。

　　備註：本標準中所提及的「業務（Business）」一詞，可廣義解釋為組織存在
　　　　　目的之核心活動，不論組織為公營、私有、營利或非營利。

5.1.2 顧客為重

　　最高管理階層應針對顧客為重，確保如下作為以展現其領導力及承諾。

(a) 顧客、適用的法令及法規要求事項已經決定、理解並一致性達成。

(b) 可能影響產品與服務的符合性、提高顧客滿意度的能力之風險及機會，經決定並予以處置。

(c) 以提升顧客滿意度為聚焦點，並予以維持。

顧客導向流程識別（以電動輔具為例）

顧客導向過程（COP）	過程輸入	職責部門	所需資源和資訊	完成方法/活動	測量/監控指標	輸出結果
市場分析/顧客需求	顧客需求/競爭對手資訊/產品資訊	業務部	客戶退貨/網路/媒體/展區展覽	參考《合約審查管理程序》年度執行，制定業務計劃	顧客滿意度/營業銷售額/新產品件數	滿意度統計/銷售計劃表/新產品提案單
產品/製品設計與開發	客戶特殊需求/安規/法規/市場訊息/客製產品/業務提案/經營計劃	研發	AOTOCAD/核可建模供應商	合約審查管理作業程序、設計開發管制程序	生產成本/利潤/勞檢檢測（樣品）/材質證明（樣品）	原型樣品/材料清單（BOM）/設計圖/文件/符合設計目標/可量產組裝流程SOP/流程卡
訂單/顧客要求	客戶需求（詢價、訂單）、存貨、產能/客戶資料及前次訂單狀況/新產品提案	業務部	ERP系統、電話聯繫、E-mail、內部訂單管理作業程序	合約審查管制程序/製程管制程序/倉儲管制程序	交期達成率/營業額達成率/設計變更次數	價格確認/報價單確認/合約簽訂單確認/變更訂單/出貨與銷售紀錄
生產排程	業務訂單/產能狀況/產品規格	製造部	ERP存貨狀況/生產設備	製程管制程序	交期達成率	生產製令/週看板管理
產品生產製造	原物料/生產設備/生產製令	製造部	生產設備/廠房、設施/人員/材料	製程管制程序/不合格品管制程序/進料檢驗管制程序/製程檢驗管制程序/倉儲管制程序/品質一致性管制程序	CYCLE TIME/不良COST/不良YIELD/ABC物料管理	出貨通知單、出貨單、入庫單、退料單、產品及生產流程卡及報表
產品/製程變更	顧客工程更改通知/客訴/持續改善（製程Cost）	研發部/製造部	業務洽談	採購管制程序/風險管理管制程序	工程變更時效性（依客戶專案性要求）	設計變更通知單
產品交貨	入庫單/包裝單（出貨通知）/放行單	倉庫	運輸公司/倉庫人員	出庫、搬運/選擇合格運輸商/產品交付運輸簽收/顧客簽收	包裝錯誤率/交貨準確率	產品安全準時送達顧客
客戶付款	T/T、L/C、O/A、D/A、合約	業務部/財務部	ERP	應收帳款作業	退票率	應收帳款報表
顧客訊息回饋	客戶資料、調查表/客戶報怨	業務部/品保部/製造部	E-mail/問卷調查/電話/送樣或失效之樣品	矯正再發管制程序/文件管制程序/客戶滿意度管制程序/顧客抱怨管制程序/提案改善管制程序	顧客滿意度評比/每月客戶抱怨件數/顧客退貨金額	客戶滿意度調查表/客戶滿意度分析表/提案改善措施

以顧客抱怨處理作業流程SIPOC圖為例

流程：接受與處理顧客負面抱怨事件報告
起始作業點：業務人員接到顧客抱怨單或退貨作業
終止作業點：將負面事件報告整理後，第一時間E-mail通知其他門市人員、管理人員了解，即時充分內部外部溝通

供應者 Supply	投入 Input	過程 Process	產出 Output	顧客 Customer
抱怨單提出方式 1. 書面 2. E-mail 3. 傳真 4. 家族留言版 5. 電話 6. 退貨	負面資料文件（顧客抱怨單或退貨單）	1. 接到並分級負面報告 2. 將A級報告轉換成電子檔 3. 初步判斷負面事件的影響評估與建議對策 4. 執行產品檢視再確認 5. 內部會議讓工作夥伴了解，以建立管理報告，並呈報管理者處置	1. 處理過程的流程資料 2. 管理表格	抱怨回覆方式 1. 電話回覆 2. 親自拜訪 3. 提供優惠價或折讓

Unit 5-2
品質政策

政策（Policy）指政府、機構組織、企業公司或個人為實現目標而訂立的計畫。企業推行政策的過程包括：了解及制定各種可行方案，訂立日程或優先順序，然後考慮它們的影響來選擇要採取的適切行動。政策可以在政治、管理、財經及行政架構上發揮作用，以達到各種目標。

政策就是個人、團體、國家政府在具體情境下的行動指南或準則。廣義的政策包括政策、立法與服務方案。

個案研究以CHIMEI奇美實業之品質政策為例，其以品質與服務滿足客戶需求：

公司生產一向秉持品質至上、客戶第一之原則，對產品的品質管制極為嚴格。為提升客戶對產品之信賴度及實現公司經營理念，本公司從1992年中開始於ISO 9002品質系統之實踐。2016年時，更致力於ISO 9001:2015年版國際標準之建立。期盼藉由此一品質保證模式要求使品質與服務能滿足客戶需求。

承諾以下政策：

1. 在製造技術上要不斷研發，在品質控制上要絕對嚴謹。
2. 持續降低成本，提升生產力，改善產品品質。
3. 以顧客服務為導向，滿足顧客要求，提升顧客滿意度。
4. 結合供應商、承攬商及客戶，共同持續改善品質管理系統。
5. 符合法令與法規要求，遵循並順應國際標準趨勢。
6. 推動「高值化」策略，成為「質與量並重的奇美」。
7. 由售後服務轉為售前服務，成為「服務的奇美」。

奇美實業國際化經營理念，除通過ISO 9001以外，也陸續通過ISO國際驗證，如ISO 14001、OHSAS 18001、ISO 50001、TOSHMS、ISO 14064等國際級驗證。

ISO 9001:2015_5.2條文要求

5.2.1 制訂品質政策
　　最高管理階層應建立、實施及維持符合下列特性之品質政策。
　　(a) 適當於組織目的與內外環境，並支援其策略方向。
　　(b) 提供——設定品質目標的架構。
　　(c) 包括——滿足適用要求事項之承諾。
　　(d) 包括——持續改進品質管理系統之承諾。
5.2.2 溝通品質政策
　　品質政策之溝通應有下列特性。
　　(a) 備妥並維持文件化資訊。
　　(b) 在組織內溝通、獲得了解及實施。
　　(c) 直接相關利害關係人可以適當取得。

CHIMEI奇美實業政策達成

CHIMEI奇美實業利害關係人

利害 關係者	溝通管道	關注議題
股東與 投資人	1. 每年召開一次股東常會 2. 每年依規定定期發行財務週期報告與年報 3. 官方投資人專線與信箱，專人專責回覆 4. 公司官方網站定期更新財務營運報表與最新訊息	經營績效 營運風險管理 公司治理 公司形象
客戶	1. 專職業務與客服單位即時回應客戶需求 2. 建立客戶抱怨回饋系統，即時查看事件處理進度 3. 客戶實地稽核與問卷回覆 4. 客戶滿意度調查	產品品質 服務品質 禁用／限用物質管理 碳揭露與管理 水揭露與管理 供應鏈管理 環保安全衛生管理
員工	1. 員工溝通專線 2. 動員會議及總經理信箱 3. 廠區內互動式會議（勞資會、員工福利委員會、主管有約、工安幹事…） 4. 員工問卷調查（公司膳食、活動舉辦、教育訓練…等） 5. 廠區員工意見蒐集信箱	薪資獎酬 福利制度 僱用關係
供應商	1. 供應商與採購／物控的互動平台 2. 專職採購與供應商管理單位 3. 一般單位與供應商的機動性會議	供應商管理 供應鏈SER管理
社區	1. 專職單位與人員負責社區居民之溝通 2. 不定期拜訪附近里鄰長與居民，關懷社區居民並敦親睦鄰	污染排放情形 社區關懷與回饋 環境保護
政府 機關	1. 積極參與主管機關舉辦之法規公聽會與研商座談會，與主管機關維持良好互動 2. 配合主管機關辦理環境相關的保護行動	法規符合度 溫室氣體管理
NGO政 府機關	1. 參加NGO舉辦之專業研討會，聽取外界聲音，掌握產業脈動，作為CSR政策規劃參考 2. 與NGO合作辦理扶持弱勢、提倡環境意識等多項專案	社會關懷與回饋 環境保護

Unit 5-3
組織的角色、責任及職權

　　組織團隊成員各盡其職，分工落實執行，多能工學習適才適所。物料盡其用，貨物半成品暢其流，人員盡其才能，廠房儲區盡其運用。

　　中小企業當總經理明確制訂品質政策與品質目標時，必須宣達給內部員工實施執行，與外部供應商與客戶充分溝通品質管理系統要求，展現其組織領導與承諾有效性，並充分授權、分工、激勵與實踐。

　　一般中小企業之產品（服務）過程中，會常因管理不當，產生顧客抱怨或產品不良而需要進行重工作業，其重工過程中所預期產出之管理指標，掌握人員、設備、材料、方法，是管理者內部控制必要的工具。列舉IPO重工管理作業進行說明。

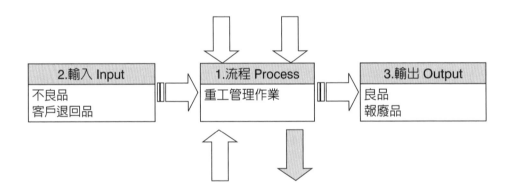

ISO 9001:2015_5.3條文要求

最高管理階層應確保直接相關角色的責任及職權，已經在組織內有所分派、溝通並獲得了解。

最高管理階層應對下列事項分派責任及職權。

(a) 確保品質管理系統符合本標準要求事項。

(b) 確保所有過程可交付其預期之產出。

(c) 提報品質管理系統績效及改進機會（參照條文10.1），特別是向最高管理階層提出報告。

(d) 確保提升組織各處顧客為重的理念。

(e) 確保在規劃及實施品質管理系統之變更時，仍得以維持其品質管理系統完整性。

組織圖

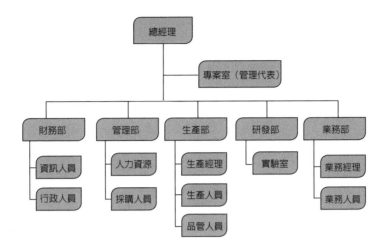

組織角色分工、責任及職權

權責	職掌
總經理	1. 制定公司經營和品質政策及目標，決定管理方向 2. 負責公司營運及業務和財務運轉之責 3. 經營風險管理與負責管理階層審查之召開 4. 文件之審核及裁決 5. 制定公司規章及擬定管理制度 6. 滿足客製化要求、主導新產品開發
專案室 （管理代表）	1. 公司中，短期經營目標實施政策之擬定 2. 規劃執行總經理決議事項之追蹤與落實 3. 專案計畫推動，文件管理、內部稽核與管理審查會議之召開 4. 文管中心負責公司各部門ISO系統流程和執行成效之溝通
財務部	1. 內部財務報表製作 2. 員工薪資計算及發放作業 3. 客戶應收帳款、廠商應付帳款追蹤管制
管理部	1. 負責公司內部廠務經營與委外資源管理 2. 人員配置之規劃，適才適所 3. 綜合處理各部門管理業務、發展及執行計畫
業務部	1. 客戶需求之界定，於產銷溝通會議中充分傳達給廠內相關單位，共同努力完成使命 2. 促使客戶和公司內部各部門彼此間訊息傳遞溝通良好，追求資訊傳達對稱與即時 3. 訂單變更之協調、開拓新客戶及服務現有客戶 4. 顧客滿意度之調查、負責產品報價及展示（覽）

個案討論

日月光集團企業社會責任報告

章節作業

2013年日月光廢水污染事件，為一起發生於台灣高雄市的環境污染事件。2013年12月9日，高雄市政府環境保護局對日月光半導體K7廠因廢水污染後勁溪開罰60萬元，因事涉半導體大廠及環境保護，引起廣大討論。
（資料來源：維基百科）

請擇一利害關係者，提出建議、補救措施、檢討報告或社會責任因應措施。
假如您是……

第 **6** 章

規劃

● 章節體系架構 ▼

Unit **6-1**
處理風險與機會之措施

　　2018年5月時事事件，中華電信推出499快閃方案，宏華國際表示雖母公司（中華電信）促銷方案事出突然，但其與中華電信為承攬業務關係，當然要對客戶負責。他們承諾，全體同仁的延時加班都會加倍發給薪資，所有的加班時間都會計入，由門市主管紙本統一申報，避免由繁忙之同仁自行逐筆於系統申報，發生漏報、晚報或忘了申報情形。

　　宏華國際針對此事件聲明表示，「善待員工同時維護公司價值」是宏華全體主管之責任，此次499快閃方案造成員工的擔心及社會大眾的誤解，「我們深感抱歉，也希望社會體諒門市員工的辛苦。」

　　宏華國際表示，他們會全力配合勞檢，但也懇求在此忙碌的情形下，給他們準備勞檢資料的時間，讓他們平安度過此突發事件，更祈使全體同仁平安健康，未來在公司內能有更好的發展。

ISO 9001:2015_6.1條文要求

6.1.1 在規劃品質管理系統時，組織應考量條文4.1所提及之議題與條文4.2所提及之要求事項，並決定需加以處理之風險及機會，以達成下列目的。
(a) 對品質管理系統可達其預期結果給予保證。
(b) 加強期望達成之效應。
(c) 防止或減低不期望得到之效應。
(d) 達成持續改進。

6.1.2 組織應規劃下列事項。
(a) 處理此等風險及機會之措施。
(b) 達成下列事項的方法。
(1) 將措施予以整合並實施於品質管理系統過程中（參照條文4.4）。
(2) 評估此等措施之有效性。

處理風險及機會所採取的措施，應與其對產品與服務符合性之潛在衝擊成正比。

備註1：處理風險之選項可包括——避免風險、接受風險以尋求機會、消除此風險根源、變更其可能性或後果、分擔風險或以充分資訊的決定保留風險。

備註2：機會可導向——採行新操作實務、推出新產品、開拓新市場、開發新客戶、建立夥伴關係、使用新技術，及其他所期望且可行的契機，以處理組織或其顧客之需求。

處理風險選項

風險處理涉及選擇一或多個選項以
供改變風險，及實施此等選項

- 決定不開始或不繼續可能引起風險的活動以避免風險
- 承受或提高風險以尋求機會
- 移除風險緣由
- 改變可能性
- 改變結果（後果）
- 與另一團體或多個團體分擔風險——包含合約與風險資金提供
- 藉由已被告知的決定留置風險

化危機為商機

危機發生前 ➡ 危機

企業應：
1. 建立標準作業程序（SOP）
2. 投保企業保險
3. 加強管理

危機發生後

企業應：
1. 採行危機處理
　1.1 積極性原則
　1.2 即時性原則
　1.3 真實性原則
　1.4 統一性原則
　1.5 責任性原則
　1.6 靈活性原則

商機

Unit 6-2
規劃品質目標及其達成

　　管理大師Peter Drucker認為，有了目標才能確定每個人的工作。企業的使命和任務，必須轉化為目標。如果一個專案沒有目標，這個專案的工作必然被忽視。管理者應該制訂目標對下級進行管理。當組織最高階層管理者制訂了組織目標後，必須對其進行有效工作分解，轉換成各個部門以及個人的共同目標。管理者根據共同目標的達成情況對下屬進行考核、評價和獎懲。

　　個案研究列舉華夏海灣塑膠公司制定公告品質政策與品質目標，由高階管理階層頒定，內容如下：以不斷改進產品品質和繼續提升服務品質，提供顧客滿意的營運品質，藉由團隊的合作及合乎水準的營運，我們以強化國內現有基礎為本，拓展全球布局，目標在於將華夏公司建立成塑膠產業的楷模。

　　ISO 9001稽核常見查檢缺失有：品質目標並未明訂量化指標、品質目標並未明訂權責部門單位或小組人員、尚未針對品質目標訂定相對應之執行計畫，以確保品質目標之達成。

　　一般企業經營文化常出現以下情形：企業無論達成品質目標與否都沒有實質之影響，或所選定之品質目標太高標準、範圍太廣，無法制訂工作計畫，或制訂之品質目標沒有權責單位，或是該單位主管知道，但員工不清楚。

ISO 9001:2015_6.2條文要求

6.2.1 組織應建立品質管理系統各直接相關職能（Functions）、階層（Levels）及過程所需之品質目標。

　　　品質目標應有下列特性。

　　　(a) 與品質政策一致。

　　　(b) 可量測。

　　　(c) 將適用的要求事項納入考量。

　　　(d) 與產品與服務之符合性及提高顧客滿意度直接相關。

　　　(e) 受到監督。

　　　(f) 可溝通。

　　　(g) 適時予以更新。

6.2.2 規劃達成品質目標的方式時，組織應決定下列事項。

　　　(a) 所須執行的工作。

　　　(b) 所需要的資源為何。

　　　(c) 由何人負責。

　　　(d) 何時完成。

　　　(e) 如何評估結果。

1. 顧客滿意度85分以上。

2. 公司營業總額：9億6仟8佰萬元（較上年目標UP10%，上年達成率116%）
   (1) 機械：8億1仟4佰萬元
   (2) 模具：9仟6佰8拾萬元
   (3) 售後服務：5仟7佰2拾萬元

3. 生產過程改善的監督與審查：
   (1) 造機加工機件月延交貨率：15%上限
       前3個月延交貨率：5%上限
   (2) 機械訂單每月準時完成率：50%
       總完成率：50%
   (3) 售後服務加工件延交貨率：7%上限
   (4) 客戶訂購機件月延交貨率：18%上限
       前3個月延交貨率：8%上限
   (5) 模具加工件月延交貨率：10%上限
       前3個月延交貨率：0.4%上限
   (6) 模具訂單每月準時完成率：81%
       總完成率：51%
   (7) 每月品質異常件數：少於14件
       每月保固期間異常件數：少於5件
   (8) 教育訓練：80人次以上

4. 零件、產品加工不良率，控制目標：
   (1) 機械：0.35%上限
   (2) 模具：0.04%上限

5. 品質突破改善案
   (1) 機械的品質改善研發案有2件以上的突破
   (2) 牙板、六角模的品質改善研發案各有1件以上的突破

Unit 6-3
變更之規劃

一、品質管理系統中之品質規劃（Quality planning）偏重規劃面的事宜，適時考量合宜納入此專案的品質標準有哪些、如何達成並符合此等級品質標準。

二、品質保證（Quality assurance）偏重執行面的事宜，依品質規劃執行並查核整體績效，透過品質稽核以發掘品質需改進之課題，採用品質管制評量的結果，以確認是否符合整體品質標準要求、品質標準是否適切有效。

三、品質控制（Quality control）偏重管制面的事宜，依規劃評量（量測）工作結果的細節，評量（量測）專案工作的失誤數或時程績效，並確認是否符合特定的品質標準要求。

「品質規劃」流程的產出結果之一，是產品或流程可能需要被調整，以便遵循品質政策與標準。某些產品設計變更可能導致品質標準變動、人員變動、成本變動與時程變動等。組織對於所發掘的問題，或因某些流程導致要做調整時，也可能發現需要執行適當風險評估。

四、品質衡量標準（Quality metric）描述組織專案正在衡量什麼，以及如何用執行「品質控管」流程來進行衡量。常見的品質衡量標準，包含衡量故障率（Failure rate）、可靠度（Availability）、信賴度（Reliability）、缺陷密度（Defect density）、測試涵蓋範圍（Test coverage）等。

常用工程變更管理，BOM用料清單表是所有MRP物料需求規劃及物料倉儲備料的基礎，但產品設計常會因試用品打樣、降成本（Cost down）、材質（料）等因素考量而必須進行變更，當下必須透過工程變更指令正式發行文件及經簽核流程審核才能正式變更，這也是ISO所要求的品質管控精神之一。

常見的工程變更管理有三種：

（一）工程變更指令（Engineering change order），通常都由客戶RD研發單位提出需求，修正設計問題。

（二）工程變更要求（Engineering change request），通常由代工廠的製程工程師提出，要求客戶變更零件以符合要求、改善製程（組裝）良率。

（三）工程變更通知（Engineering change notice），通常由DCC（Document Control Center）文件管制中心所發出，用來通知相關單位已經做了變更，如製程技術參數變動、BOM表內容變更或符合法規要求。

ISO 9001:2015_6.3條文要求

　　如組織決定需要對品質管理系統進行變更時，其變更應以有計畫的方式
實施之（參照條文4.4）。

　　組織應考量下列事項。

(a) 此項變更之目的及其可能後果。

(b) 品質管理系統之完整性。

(c) 資源之取得。

(d) 責任及職權之配置或重新配置。

變更品質規劃作業流程圖

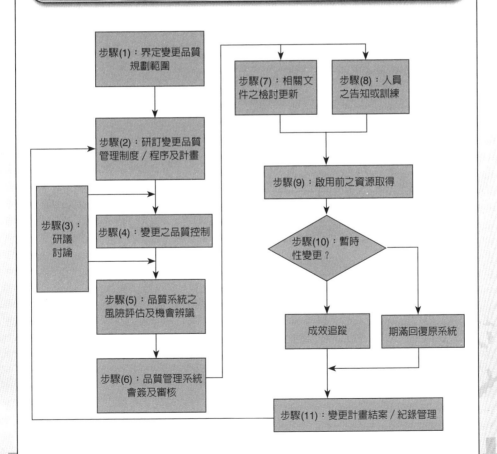

個案討論

_____工業有限公司

文 件 類 別	二階程序書
文 件 名 稱	風險管理管制程序
文 件 編 號	QP- xx
文 件 頁 數	2頁
文 件 版 次	A版
發 行 日 期	2019年01月　日

風險管理管制程序

核　　准	審　　查	制　　訂

_____工業有限公司

文件修訂記錄表

文件名稱：風險管理管制程序　　　　　　文件編號：QP-xx

修訂日期	版本	原始內容	修訂後內容	提案者	制訂者
2019年1月	A		制訂		

風險管理管制程序書

一、目的：
　　在可接受的風險水準下，積極從事各項業務，設施風險評估提升產品之質量與人員安全。加強風險控管之廣度與深度，力行制度化、電腦化及紀律化。相關部門應就各業務所涉及管理系統及事件風險、市場風險、信用風險、流動性風險、法令風險、作業風險和制度風險等，進行系統性有效控管，總經理室應就營運活動持續監控及即時回應，年度稽核作業應進行確實查核，以利風險即時回應與適時進行危機處置，制定本程序書。

二、範圍：
　　本公司有關ISO國際標準管理系統之範圍均屬之。

三、參考文件：
　　1. 品質手冊
　　2. ISO 9001:2015_條文6.1與10.3
　　3. ISO 13485:2016_條文5.4.2
　　4. ISO 45001:2018_條文6.1

四、權責：
　　1. 總經理室：凡公司策略發展、商業法律、產業新科技等面向均屬之。
　　2. 業務部：凡客戶關係、當地國經濟環境、交期達成等面向均屬之。
　　3. 管理部：凡產品品質、加工供應商關係、生產管理活動控制等面向均屬之。

五、定義：
　　1. 風險（Risk）：潛在影響組織營運目標之事件，及其發生之可能性與嚴重性。
　　2. 風險管理（Risk Management）：為有效管理可能發生事件並降低其不利影響，所執行之步驟與過程。
　　3. 風險分析（Risk Analysis）：系統性運用有效資訊，以判斷特定事件發生之可能性及其影響之嚴重程度。
　　4. 機會（Opportunity）：一個事項發生之可能後果，該事項對目標達成有正面之影響。

六、作業流程：略

七、作業內容：
　　1. 從過程管理面向出發，完成製程中主要作業流程，包括委外加工流程。廠內工作場所的性質，如固定設備或裝置、臨時性場所等；製程特性，如自動化或半自動化製程、製程變動性、需求導向作業等；作業特性，如重複性作業、偶發性作業等。
　　2. 風險辨識，填具作業流程於「風險評估表」，從現場生產機具設施現地觀察與跨組團體討論法，分別依序完成各流程之危害辨識及後果、現有防護設施。
　　3. 風險分析，逐項進行評估風險，評定嚴重度（1～4）與可能性（1～4）。
　　4. 依風險基準，評估風險等級。
　　5. 作業流程被判定風險等級3以上者，從現場生產機具設施現地觀察與跨組團體討論法，分別依序完成降低風險所採取之控制措施、控制後預估風險，與品質管理系統必要時參照「矯正再發管制程序」與實施改善措施參照「提案改善管制程序」。

八、相關程序作業文件：
　　1. 矯正再發管制程序
　　2. 提案改善管制程序

九、附件：
　　風險評估表QP-XX-01

嚴重度（Severity）：影響程度評量標準表

等級	影響程度	影響公司形象	交期服務影響	品質業務運作	財物損失	事件處理	人員傷亡	客戶抱怨／申訴	影響生產區域
S4	非常嚴重	國際新聞媒體報導負面新聞	延遲21天以上	物性材料發現有害物質	新臺幣51萬元以上	依法懲處	死亡	5次以上	擴及客戶
S3	嚴重	臺灣新聞媒體報導負面新聞	延遲14～20天	不符規格書要求：50%以上重工	新臺幣20～50萬元	限期改善	重傷*	3次	擴及供應商
S2	中等	區域新聞媒體報導負面新聞	延遲7～13天	20%以上重工	未達新臺幣20萬元	書面說明或回應	輕傷*	2次	廠內
S1	輕微	廠內	延遲5天內	10%重工	未達新臺幣5萬元	口頭說明	外傷	1次	廠內

＊註1：重傷參酌刑法第10條第4項規定，係指下列傷害：「一、毀敗或嚴重減損一目或二目之視能。二、毀敗或嚴重減損一耳或二耳之聽能。三、毀敗或嚴重減損語能、味能或嗅能。四、毀敗或嚴重減損一肢以上之機能。五、毀敗或嚴重減損生殖之機能。六、其他於身體或健康，有重大不治或難治之傷害。」

＊註2：除註1所列重傷，其餘傷害皆為輕傷。

＊註3：影響程度僅須符合其中一種分類即可，不必全部分類皆符合；若無適用之影響分類，可自行增列，須知會總經理室知悉。

可能性（Possibility）評量標準表

等級（P）	可能性分類	發生機率（%）	詳細的描述
4	高度可能	81～100%	在1年內高度發生
3	中度可能	51～80%	在1年內會發生
2	低度可能	11～50%	在1年內可能會發生
1	幾乎不可能	0～10%	在1年內幾乎不可能會發生

嚴重度等級	可能性等級			
	P4	P3	P2	P1
S4	5	4	4	3
S3	4	4	3	3
S2	4	3	3	2
S1	3	3	2	1

風險評估表

QP-XX-01

公司名稱		部門		評估日期		評估人員		審核者		部門主管		總經理室	

1. 作業／流程名稱	2. 危害辨識及後果（危害可能造成後果之情境描述）	3. 現有防護設施	4. 評估風險			5. 降低風險所採取之控制措施	6. 控制後預估風險		
			嚴重度	可能性	風險等級		嚴重度	可能性	風險等級

A版

稽核查檢表

年　月　日　　內部稽核查檢表

ISO 9001:2015 條文要求						
相關單位						
相關文件	風險管理管制程序					
項次	要求內容	查檢之相關表單	是	否	證據（現況符合性與不一致性描述）	設計變更或異動單編號
1						
2						
3						
4						
5						
6						
7						
8						

管理代表：　　　　　稽核員：

A版

章節作業

2018年9月27日，行政院長賴清德主持「行政院食品安全會報」時表示，確保民眾食的安全，政府責無旁貸，環保署、農委會及衛福部應運用食品雲大數據，找出高風險目標，培育風險管理與危機處理人才，全面提升食安危機事件處理能力。

請問您對風險管理技能具備有哪些能力特質，如何投入參與企業風險管理評估高風險目標。

第 **7** 章

支援

●●●●●●●●●●●●●●●●●●●●●●●●● 章節體系架構 ▼

Unit 7-1
資源(1)

圖解國際標準驗證ISO 9001:2015實務

企業追求永續經營與發展,掌握關鍵的內外部資源、工作流程與工作規範將是最基礎、迫切、關鍵的管理重點。管理方針可從五大面向著手進行改善,列舉人員、機具設備、物料(或材料)、方法與環境。

一般建議中小企業可針對現場作業流程為改善基石,以滿足跨部門作業流程的順暢度與工廠設施規劃,其中藉由動線規劃之專案推動計畫來提升公司的流程管理與生產線產出提升,提升公司生產管理與倉儲管理能力。一旦掌握現行影響生產線順暢、產出量、生產週期等因素,追求智慧化大數據即時性回覆/查詢機制,以利追溯問題原因,適時矯正預防措施與適地持續改善工作。

推動專案首要是公司管理層的全力支持與配合,掌握必要的專案資源,由部門執行幹部進行良善分工合作及現場幹部積極參與學習,如能善用工作規劃及作業流程化機制,透過專案過程不斷溝通、宣導、教育及檢討,積極共創建立現場管理與5S管理之共識,落實專案執行作業流程改善,必能提升整體生產效率與企業營收。

ISO 9001:2015_7.1條文要求

> 7.1.1 一般要求
> 　　組織應決定與提供建立、實施、維護及持續改進品質管理系統所需資源。
> 　　組織應考量下列事項。
> 　　(a) 現有內部資源之能量及限制。
> 　　(b) 需要向外部提供者(External provider)取得的資源為何。
> 7.1.2 人力
> 　　組織應決定並提供品質管理系統有效實施,以及其過程的營運與管制所必須的人力資源。
> 7.1.3 基礎設施(Infrastructure)
> 　　組織應決定、提供及維持其各項過程營運,以及達成產品與服務符合性所必要之基礎設施。
> 　　備註:基礎設施可包含下列。
> 　　(a) 建築物及附屬公共設施。
> 　　(b) 設備,包含硬體及軟體。
> 　　(c) 運輸資源。
> 　　(d) 資通訊技術。

流程圖示拆解展開

流程展開圖	流程更新需求
1. 流程 Flow	訂貨作業流程
	銷貨作業流程
	營業目標計畫流程
2. 輸入 Input	顧客抱怨處理流程
	顧客滿意度調查流程
3. 輸出 Output	行銷專案計畫流程
	代理產品流程
4. 如何做？How（方法／程序／指導書）	員工滿意度調查流程
	員工提案流程
5. 藉由 What？（材料／設備）	
6. 由 Who？（能力／技巧／訓練）	
7. 藉由哪些指標？Result（衡量／評估）	

基礎設施

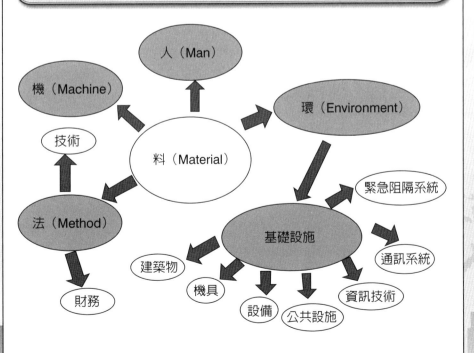

Unit **7-2**
資源(2)

個案研究，日月光集團CSR企業社會責任報告中，曾揭露積極建造綠建築標準的廠房，也獲得國際認證肯定。2013年，日月光高雄廠綠色廠房K12取得美國綠建築LEED白金級認證，爲美國綠建築協會綠建築最高認證等級，且K12廠是全球首座同時獲得台灣綠建築EEWH鑽石級及美國綠建築LEED白金級最高等級認證的半導體封裝測試的廠房。廠房內部更積極改善現有廠房設施，使其升級爲符合綠建築標準。集團經營管理注重並盡全力爲日月光全球各營運廠區之鄰近社區的環境改善而努力。同時承諾未來30年，每年至少投入新台幣1億元，爲落實推動台灣環境保護貢獻一己之力。

透過人才培育、設備資源、綠色材料、持續創新發展綠色產品與廢水處理的製造流程，更重視員工福利，以改善員工的工作環境與生活品質。持續以公開且透明化的方式揭露企業社會責任報告的內容，與更多社會責任與環境計畫及執行的相關成果。

歷年逐步完成日月光集團高雄廠K5、K7、K11、K12經濟部工業局「綠色工廠標章」認證，透過資源專案整合，訂定短期與長期策略。日月光集團內的其他建築，階段性通過審核認證，以達到綠色工廠的標準。

能資源管理與節約方面，日月光的工廠絕大部分購買使用公營發電廠電力，少部分直接使用天然氣、石油或柴油爲燃料。

透過電腦資源再生計畫，日月光將功能規格不符需求而汰換的筆記型電腦、電腦主機、螢幕和周邊設備透過回收再利用。其中高雄廠更常年參與華碩電腦的「再生電腦希望工程」活動，經由專業團隊進行維修後，組成再生電腦，捐贈給偏遠地區學校及弱勢團體，不僅實現環保概念，更可以愛心回饋社會。

廠內區域空氣污染來源統計調查，爲維護員工健康與環境安全，安裝能改善空污防治的設備，並建置數套備援設備，避免設備發生故障，也不會有未經處理的廢氣排放到大氣中。針對工廠產生之主要空氣污染來源 —— 揮發性有機化合物（VOC），積極採用臭氧洗滌塔處理。爲了減少臭氧洗滌塔處理過程中產生之廢水，採用高效能之洗滌塔，使處理過之揮發性有機化合物濃度遠低於法定標準。

企業或組織在環境管理面，除了考量影響產品品質穩定交期外，同時也要注意會影響員工健康安全的環境因素，以確保健康安全的工作環境，必要執行危害辨識與風險評估。列舉營運流程運作環境中可能危害，如表1說明。

2013年日月光CSR報告中揭露，經過多年的努力，日月光以半導體業「專業代工」爲定位，業務也擴充爲客戶提供完整的一元化半導體後段製造服務解決方案，包括晶片的前段測試、晶圓針測、晶片封裝、基板設計與製造、晶片成品測試和系統整合等最佳設計製造服務。有限資源投入營運環境，表2列舉利害相關人：員工、社區、政府、客戶。

7.1.4 過程營運之環境（Environment for the operation of processes）

組織應決定、提供及維持其各項過程營運，以及達成產品與服務符合性所必要之環境。

備註：適合的環境可為人為因素及實體因素之組合，如下列。

(a) 社會（例：不歧視、安定、不對抗）

(b) 心理（例：紓壓、防止崩潰、情緒保護）

(c) 實體（例：溫度、熱、濕度、照明、氣流、衛生、噪音）

此等因素可因所提供的產品與服務之不同而有極大差異。

表1　環境中可能危害

生理性危害	1. 工作設備的使用：能產生壓、夾、插、敲擊、抓合或拉的動作且防護不周的旋轉或活動零件。零件或物料的自由移動（掉落、滾動、滑動、傾斜、飛出、擺動、倒塌），可能撞擊人員。機器或車輛的移動。燃燒或爆炸的危害（例如由摩擦、壓力容器引起的危害）
	2. 作業與廠房規劃：危險的表面（尖緣、尖角、尖點、粗糙表面、凸出物）、動作或姿勢不自然的作業、不足的空間（例如必須在固定裝置間工作）、絆倒或滑倒（潮濕或容易滑倒的地面）、工作站的不穩定、高架作業、動火作業、吊掛作業、侷限空間作業
	3. 電力設施使用：如可能接觸裸露電源
	4. 危害物質與危險作業的暴露：如暴露於化學有害物
	5. 物理媒介的接觸：如接觸高溫及高噪音暴露
	6. 生物媒介的接觸：如接觸生物污染物
社會性危害	不歧視、安定、不對抗
心理性危害	工作場所與人因素的互動及工作負荷、壓力等心理因素。例如紓壓、工作量、工作時間、受害、騷擾、霸凌、防止崩潰、情緒保護
人因工學性危害	肌肉拉傷、下背部疼痛、疲勞、注意力下降、動線交錯、燈光不足
環境和其他因素性危害	溫度、熱、濕度、照明、氣流、衛生、噪音、潔淨度

表2　利害關係人溝通

員工	有不定期召開勞資會議、總經理信箱、各廠區意見箱、座談會、公布欄、日月光通訊、內部公文、教育訓練、電子布告欄、員工諮商室及電子郵件 ・員工福利與教育訓練、人權、勞工安全衛生管理
社區	有日月之光慈善事業基金會、志工組織、公共關係團隊 ・環保相關議題、社區公益投入
產業工會/協會	有不定期參與會員大會、產業技術研討會、專案倡議合作聯盟 ・碳管理、清潔生產、能資源管理
政府	有不定期參與產業發展會議、科技專案研發、相關專案及倡議 ・能資源管理、污染預防、各類環保支出與投資
客戶	有專責團隊、客戶服務平台 ・營運持續管理、綠色產品、供應鏈管理、環境保護

Unit 7-3

資源(3)

圖解國際標準驗證ISO 9001:2015實務

　　個案研究，台積公司TSMC曾於2016年企業社會責任報告書揭露，全體員工積極為提供客戶最好的服務，建立一個全力以赴的客戶服務團隊作為協調溝通的窗口，立志在設計支援、光罩製作、晶圓製造與後段封裝測試領域提供客戶世界級的服務，同時給予客戶機密資訊最高規格的保護，以創造最佳的客戶服務經驗並贏得客戶信任。

　　內部監督與量測與客戶服務品質，極力促進與客戶的互動及資訊的即時交流，台積公司以網際網路為基礎，透過「TSMC-Online」系統提供主動的設計、工程及後勤整合服務，讓客戶可以一天24小時、一星期七天隨時掌握重要訊息，且能產生客製化報表。其中TSMC-Online的設計整合可提供客戶在每一設計階段準確及最新的資訊；工程整合可提供客戶線上設計定案，工程晶片、良率、電性測試分析及可靠度相關的資訊；後勤整合可提供客戶訂單在晶圓製造、後段生產及運送相關的資訊。2016年，TSMC-Online的客戶使用人次高達40萬以上，台積公司在TSMC-Online上提供客戶超過8,200個技術檔案及超過270個製程設計套件，下載使用技術檔案與製程設計套件已超過10萬次。由此值得學習，其TSMC充分透過即時監督及量測資源的高規格程度，所展現之卓越企業文化。

ISO 9001:2015_7.1條文要求

> 7.1.5 監督及量測資源（Monitoring and measuring resources）
>
> 7.1.5.1 一般要求
> 　　運用監督及量測以證實產品與服務符合要求事項時，組織應決定並提供足以確保有效與可靠監督及量測結果所需的資源。
> 　　組織應確保所提供的資源可達成下列事項。
> 　　(a) 適合於所執行之特定類型的監督及量測活動。
> 　　(b) 足以維持監督及量測持續合乎其目的。
> 　　組織應保存適當的文件化資訊，以作為監督及量測資源適合其目的之證據。
>
> 7.1.5.2 量測追溯性
> 　　如量測追溯性為一項要求，或組織認為量測追溯性是對量測結果正確性提供信心的必要要素時，量測設備應符合下列要求。
> 　　(a) 定期或於使用前，將可追溯至國際或國家標準的量測標準予以校正或查證或併行；如無此等標準，則應將其所使用之校正或查證（Verification）基準作成文件化資訊予以保存。
> 　　(b) 予以鑑別，俾以決定其狀況。
> 　　(c) 予以安全防護以避免因調整、損壞或劣化，使其校正狀況及後續量測結果失準。
> 　　如發現量測設備不適合其預期目的時，組織應決定其先前量測結果之正確性是否已受到不利影響，並應採取必要的適當措施。

設備應保存記錄

設備的識別、包括軟體與韌體版本	製造商的名稱、類型識別、序號或其他特定標識	設備符合規定要求的驗證證明	當前的位置
校正日期、校正結果、調整、驗收標準以及下一次校正到期日或校正週期	參考物質的文件、結果、相關日期、驗收標準和有效期	與設備性能相關的維護計畫，與迄今為止已進行的維護	任何設備損壞、故障、修改或維修的細節

儀器設備管理記錄表

一、儀器設備基本資料			
儀器設備名稱：			儀器編號：
廠牌：	型號：		序號：
量測範圍：	準確度：		校正週期：
接收時間：　年　月　日	開始提供服務時間：　年　月　日		購入價格：
保管人：	放置地點：		
校正報告放置地點：	技術資料放置地點：		

二、校正記錄				
施校單位	校正日期	校正報告編號	下次應校日期	備註

三、維護保養記錄			
維護／保養時間	維護／保養項目	負責人	備註

Unit **7-4**
資源(4)

為鼓勵良善企業文化，配合公司中長期業務發展，激勵員工藉由知識分享管理進行軟性內部外部溝通，可透過知識文件管理、知識分享環境塑造、知識地圖、社群經營、組織學習、資料檢索、文件管理、入口網站等專案推動，跨專長提供問題分析、因應對策或其他策略規劃建議，內化溝通型企業文化，營造知識創造與創新思維。

營造知識分享工作文化，透過人與人之間的互動（如：討論、辯論、共同解決問題），藉由這些活動，一個單位（如：小組、部門）會受到其他單位在內隱及外顯知識的影響。

追求知識創造與創新，持續地自我超越的流程，跨越舊思維進入新視野，獲得新的脈絡、對產品與服務的新看法以及新知識。創新是「新想法、新流程、新產品或服務的產生、認同並落實」或「相關單位採納新的想法、實務手法或解決方法」，透過推動知識分享管制程序五大簡易步驟來展開：

1. 掌握重點管理方式進行，授權與激發組織內部同仁潛能，共同達成 3S，單純化（Simplification）：目標單純、階段明確、焦點集中；標準化（Standardization）：建立作業程序、導入工具標準；專門化（Specialization）：團隊人員專業分工、精實協同合作。
2. 確定知識分享主題或解決個案對策原因。
3. 準備便利貼：一便利貼只能書寫一對策或原因。
4. Work-out五步驟。
5. 精進知識分享策略形成表。

ISO 9001:2015_7.1條文要求

7.1.6 組織的知識

組織應決定其過程營運與達成產品與服務的符合性所必需之知識。

此知識應予以維持，且在必要的程度內予以備妥。

在處理需求與趨勢的變化時，組織應考量其現有知識，並決定如何獲取或找到任何必需的額外知識及必要的更新管道。

備註1：組織的知識因組織而有不同，通常係透過經驗而獲得。組織的知識是達成組織目標所使用及分享的資訊。

備註2：組織的知識可能基於以下來源。

(a) 內部來源（如智慧財產；由經驗所獲得知識；由失敗及成功專案計畫所學到的教訓；所取得與分享的非書面知識及經驗；過程、產品及服務改進之結果）。

(b) 外部來源（如標準、學術論文、會議資料、由顧客或外部提供者蒐集到的知識）。

知識分享Work-out 五步驟

步驟	目標	展開	工具或方法
1	腦力激盪	逐一針對「分享」主題發散思考,將每項創新寫入便利貼	便利貼
2	分類彙整	彙集團隊成員的所有便利貼	釘書機
3	層別	分類與收斂歸納所有便利貼	魚骨圖
4	重點排序	矩陣式思考所有收斂後的便利貼	矩陣圖
5	方案形成與修正	形成對策方案或原因方案,團隊成員共識討論,依重要程度排定優先順序進行改善方案與策略修正	SWOT分析表或策略形成表

知識補充站

一般而言,將知識區分為內隱與外顯,它可存在於個體與團體中。個人經教育擁有大量知識,因此稱為知識分子;團體組織擁有大量知識,稱為知識型企業;當知識大規模的參與而影響社會活動,就是所謂知識經濟。

　　1.隱性知識定義

　　較複雜,員工的創造性知識,只存在於人的頭腦中,難於被他人觀察了解,更難談論共享與交流。

　　2.顯性知識定義

　　透過以專利、科學發明或特殊技術等形式存在的知識,易於透過電腦進行整理儲存,經先進科技應用的手段來管理。使用顯性知識,不需與創作者接觸,就可以產生知識移轉的學習效果。

知識管理科技化的重心應該放在如何提升組織隱性知識創造過程的效率,及如何將隱性知識迅速轉化為顯性知識,並增加顯性知識的擴散與流通。

顯性知識管理策略較重視運用資訊工具來增加知識流通與擴散的效率,隱性知識管理策略則較強調用人際溝通的方式來提升知識創新的效果。早期在比爾蓋茲《數位神經網路》一書中,所推廣的就是這類顯性知識的科技管理方法,而資訊科技與網際網路的光速發展,在未來也會更加提升顯性知識管理策略的價值。

知識不同於資訊,其特徵在資訊要經過智能學習過程與價值認知方能形成知識。知識也不同於技術,技術是產品與服務的具體組成部分,因此僅屬於有形知識的一部分。然而知識還包括產品與服務的抽象組成部分(如藝術家、音樂家),跨域團隊知識為驅動技術創新與產品創新的重要基礎。

Unit **7-5**
適任性

當年國父四大救國綱領，有人盡其才、物盡其用、貨暢其流與地盡其利。

從國家興亡的角度說明，人才要能充分適才適所發揮所長、軍糧物資要能適時適用不浪費、貨物資源要能及時流通支援與土地資源要能充分合宜被使用，國家自然興盛。企業追求永續經營，從徵才、選才、育才、用才、留才，五面向人才管理是必要的管理措施。

個案研究列舉遠東商銀2017年企業社會責任報告書中揭露，對人盡其才貢獻與努力，包括無差別僱用、薪酬與福利、優質培訓計畫與職場環境。人才是企業成長與創新的引擎，為了在變化迅速的全球化商務環境中保持競爭優勢，遠東商銀從人力募集、在職訓練到組織變革，一直是從目標與行動的角度出發，思考銀行未來的走向，由此建構完整、持續的人才運用與發展方案，提升人力資本效能。由於對人才價值的充分認知，以極具競爭力的薪酬結構，年年獲選「臺灣高薪100指數」及「臺灣就業99指數」成分股，且因長期投入員工教育訓練，連續15年得到政府鼓勵。強調具優質職場環境，鼓勵員工共同成長，成就自己，並擁有安居樂業人生的幸福職場。

遠東商銀人才適任性績效考核與晉升制度，針對所有員工實施績效考核及職涯發展檢視，年度績效考核連結年度目標，目標依平衡計分卡的四大構面擬定，不僅重視財務績效達成與顧客滿意，亦不忽視內部流程的改進與中長期制度的建立，將個人與組織的學習成長也設定目標並列入評量。不論年初目標制定、年底表現評核，及職涯發展檢視，主管均與同仁能有充分雙向溝通、討論，並回饋意見。晉升為同仁職涯發展的重要進程，也是其人生成就感的主要基石之一。每年依員工之績效考核結果與發展潛能，由主管提報晉升名單，經過審查，並由候選人藉由簡報自我表現，讓每位同仁均能在一透明且公開公正的機制中得到應得的肯定，為自己爭取更寬廣的舞台。2017年晉升人數比率為21%，給予績優者及潛力人才實質之肯定與鼓勵，營造職場環境與優質企業文化。

ISO 9001:2015_7.2條文要求

7.2 適任性（Competence）

　　組織應採取以下方法以確保人員之適任性。

　　(a) 組織應決定在其控管下工作，可能對品質管理系統績效及有效性有所影響的工作人員所必需之適任性。

　　(b) 以適用的教育、訓練或經驗為基礎，確保其人員之適任性。

　　(c) 可行時，採取措施以取得必需的適任性，並評估所採取措施之有效性。

　　(d) 保存正確的文件化資訊，以作為其適任性的證據。

　　備註：適用的措施可包括對人員提供訓練、提供輔導，或重新指派新聘人員；或聘僱或約聘具適任性的人員。

適任性（Competence）

- 員工績效怎麼做好？
- 應確保員工了解他們必須做的事情
- 應確保員工了解他們必須表現得如何
- 應確保員工了解他們的表現如何
- 應為員工提供所需的培訓和發展
- 應為員工提供表現認可

教育訓練之分類	職能調查
1. 新進人員教育訓練 2. 專業技術教育訓練 3. 管理人員教育訓練 4. 經營管理人員教育訓練 5. 綜合教導教育訓練	1. 一般職能 2. 核心職能 3. 專業職能 4. 管理職能
工作規範	工作說明書
1. 教育程度 2. 體能與技術能力 3. 訓練與經驗 4. 心智能力 5. 主要職責 6. 判斷力與決策力 7. 其他工作條件	1. 工作的職稱與職位 2. 組織關係 3. 工作摘要 4. 職責與任務 5. 工作關係 6. 績效考核標準 7. 機器設備 物料及工具 8. 工作條件與環境 9. 工作狀態及可能風險

列舉船員岸上晉升訓練及適任性評估作業規定

一、為利執行交通部航港局（以下簡稱本局）接續自2004年起委託國內經認證合格之國內船員訓練機構辦理船員岸上晉升訓練及適任性評估業務，特訂定本作業規定。

二、受委託辦理船員適任性評估業務之專業機構（以下簡稱評估機構）應邀請國內海事校院代表三人、航運團體代表二人、評估機構代表二人、中華民國船長公會一人及本局代表一人，成立九人之審議小組，執行參訓人員報名資格審查、電腦題庫抽題審題、監督試題印刷、裝封、彌封及適任性評估成績總審查等相關業務。

三、評估機構除辦理適任性評估試務作業外，應配合辦理參訓人員之報名、資格審查等相關事項，並應於每年度開辦晉升訓練前，辦理下列事項：

  （一）協調受委託辦理晉升訓練機構（以下簡稱岸訓機構）訂定年度訓練計畫與期程、參訓須知。

  （二）訂定相關試務作業要點。

  （三）第一、二款年度訓練計畫與期程、參訓須知及相關試務作業要點應報本局備查。

  前項第一款參訓須知應載明參訓期程、報名書表、報名方式、退補件流程、參訓證、參訓人員注意事項、試題疑義、成績複查程序及其他有關事項。

四、岸訓機構應配合評估機構，提供辦理適任性評估所需之相關軟硬體設備及工作人員。

  岸訓機構不得辦理與所承包訓練同一類別之適任性評估。

Unit **7-6** 認知

從日常工作中，促進增強性說明公司永續發展願景，宣導公司政策與公司目標，鼓勵員工落實品質管理從每日做起，一步一腳印踏實穩健維持品質管理系統，增強員工對公司的向心力與認同感，強化所屬職責工作認知。

個案研究列舉遠東商銀2017年企業社會責任報告書中揭露，打造樂活職場中，連結落實公司品質政策與品質目標，透過e化內部平臺，可交流工作心得與優惠商品資訊等實用生活訊息。每年除了總部舉辦的春酒活動外，各部門亦經常性舉辦郊遊踏青或聯歡活動。職工福利委員會更訂定社團活動管理辦法，並補助社團經費，以鼓勵同仁在工作之餘組織休閒性或學習性社團，強健體魄、豐富生活並適度紓解壓力。2017年更透過修訂社團辦法，增進社團補助金的運用彈性，並簡化社團營運的相關作業，協助社團發展。2017年日常運作的社團計有8個，分別為有氧舞蹈社、臺北羽球社、臺中羽球社、自行車社、瑜珈社、棒壘社、時尚運動社及品酒社。潛移默化公司文化，增強對公司向心力與認同感，強化工作認知。

ISO 9001:2015_7.3條文要求

> 7.3 認知（Awareness）
> 組織應確保在其控管下執行其工作的人員認知下列事項。
> (a) 品質政策。
> (b) 直接相關的品質目標。
> (c) 有關對品質管理系統有效性之貢獻，包括改進績效的益處。
> (d) 不符合品質管理系統要求事項之不良影響。

小博士解說

BSI國際驗證機構公開認為，推動ISO 9001不論您的企業組織規模大小，都能使用獲得全球認可的標準來管理品質。提升企業品質與服務優化管理，還可省錢、增加獲利、贏得更多業務與令更多客戶感到滿意。強化對ISO 9001認知，組織通過品質管理系統QMS助益如下：
1. 讓企業在市場上成為更有永續實力的競爭者。
2. 優化品質管理有助於符合客戶需求。
3. 強化過程管理更有效率的工作方法，將節省時間、金錢和資源。
4. 營運績效精實改善，將減少錯誤並增加利潤。
5. 展現更有效率的內部流程，鼓勵工作人員積極投入。
6. 展現物超所值的服務，贏得客戶滿意的終身價值。
7. 藉由遵循國際標準法規，以擴大供應鏈商機。
8. 適才適所贏得內部顧客支持，物盡其用貨暢其流。

認知（Awareness）

認知（Awareness）

組織面

組織應採取適當行動，以提高組織未直接僱用的人員（例如服務提供者）對QMS要求的認識。「品質意識」是組織必須確保員工了解其活動的重要性以及不符合要求的後果，並了解員工如何為實現品質目標做出貢獻

員工面

為了滿足品質管理體系的要求，員工必須了解品質政策和相關品質目標以及未能符合品質管理體系要求的影響

稽核面

在員工訪談期間包括的方面：員工如何獲知QMS？
品質管理體系如何影響員工的活動性以及自QMS成立以來發生了哪些變化？
員工在多大程度上了解品質政策和品質目標？
如果人們不遵守規則並且不符合要求會發生什麼？
員工的活動需要哪些資訊以及組織如何處理獲取此資訊？
如有必要，可以使用哪些方式聯繫合作夥伴？

證據面

有關品質政策訓練的文件化資訊、有關品質目標訓練的文件化資訊
有關QMS培訓的文件化資訊，品質圈、研討會、員工績效考核

認知品質政策

重視的不僅是傳遞政策，還要確保能理解政策，潛移默化影響工作的方式。員工應該了解它的貢獻以及如何做使業務變得更好。
從品質管理系統QMS的角度來看，企業應該更清楚地解釋政策，以便使員工理解其含義。
品質方針內控：
· 閱讀和理解是否足夠
· 是否了解公司目標
· 是否了解公司參與的流程
· 是否了解他們的影響
· 是否了解他們可以產生積極的影響
· 是否了解他們會產生負面影響

認知品質目標

· 確保員工了解他們必須做的事情
· 確保員工了解他們必須表現得如何
· 確保員工了解他們的表現如何
· 為員工提供表現認可
· 為員工提供所需的培訓和發展

Unit **7-7**
溝通

　　個案研究列舉遠東商銀2017年企業社會責任報告書中揭露，提供多元溝通管道，各項人事規章均遵循勞動法規制訂，並尊重國際人權公約的精神，保障員工結社自由，未因是否具備勞方代表身分給予差別待遇，同仁申訴、檢舉處理辦法明訂對提出者保護之條款，如有侵害人權之情事，同仁可透過各項申訴及溝通管道反應，不會遭受不利之對待。禁止各單位實施強制勞動，依出勤管理相關辦法，加班之實施得由同仁自由提出申請，從無抵債脅迫、扣押證件等強迫勞動情事。

　　每三個月定期召開勞資會議，有效建立行方與員工之溝通對話平臺；勞資會議之勞方代表由各事業群或單位全體同仁分別選舉產生，會議決議之勞工權益或相關事項適用每一位同仁。自2017年起發行「人資季刊」，內容包括行方政策、新種業務、焦點活動、獲獎資訊、人資訊息、健康保健訊息、同仁活動等主題，傳遞行方的訊息。設有同仁建議、申訴、檢舉機制，即時處理同仁意見並適當回饋。同仁除可向各級主管提出意見，亦可藉由總經理室所設之總經理信箱、人力資源處所設之員工建議及申訴信箱，針對各類議題溝通、檢舉、反應問題或提出改革想法。2017年內外部申訴共計7案，外部申訴有2案，其中1案涉及懷孕歧視，經完成內部調查，確認係屬溝通及認知誤解，已委託專業人員調解處理；內部申訴有5案，皆屬管理議題，已由內部溝通程序順利解決爭端。以上申訴案件並無涉及性騷擾、原住民權利或人權問題等性質之申訴。

　　有關工程承攬類溝通供應商於施工前，須參與該行所召開之廠商安全衛生協調會，選任現場安全衛生負責人，負責工程現場相關工作之監督、協調及危害防止。該負責人須詳知該行「承攬商工作場所環境危害告知聲明」及「承攬商職業安全衛生及環境管理承諾書」等規定，確實了解該行工作環境及作業的潛在危險，傳達給所派任的工作人員，且須保證他們具備勞工保險、健康檢查及必要的工作知識、經驗及相關證照或資格，並提供他們必要的教育訓練及安全護具，所有相關訓練及檢查紀錄均須存檔備查。

ISO 9001:2015_7.4條文要求

> 7.4 溝通
> 　　組織應決定與品質管理系統直接相關的內部及外部溝通事項，包括下列事項。
> 　　(a) 其所溝通的事項。
> 　　(b) 溝通的時機。
> 　　(c) 溝通的對象。
> 　　(d) 溝通的方式。
> 　　(e) 負責溝通的人員。

溝通

內部溝通	外部溝通
工作人員簡報 新政策 新的或修訂的目標 新修訂的戰略 新客戶 新的或修訂的技術 新產品 新服務 供應商問題 任何會對他們產生影響的事情	關鍵客戶經理的分配、實施審查會議等
溝通計畫	指定負責更新的人員
可包括各種媒體，包括簡報、會議、研討會、會議和通訊	部門負責人、業務負責人

知識補充站

產品與服務

第三者國際驗證單位BSI，透過官網公開對外部進行溝通，包括第二者顧問輔導單位與被輔導單位（工廠或公司），強化內外部顧客對ISO廣度認知，它提供獨特的產品和服務組合，並透過三個面向來執行：教育訓練、稽核與驗證和法規遵循。

1.從教育訓練面向

BSI與業界專家、政府機關、行業公協會和消費者團體來擷取最佳實踐及企業組織推動ISO所需的知識。國際上，大部分被廣泛使用和實施的國際標準都是由BSI參與制定的標準轉化而成，例如：ISO 14001環境管理、ISO/ IEC 27001資訊安全管理、ISO 14067（PAS2050）產品碳足跡。

2.稽核與驗證

以公平且獨立的方式進行稽核，確保客戶使用的方法或製造的產品，能符合特定標準，以達到更傑出的卓越表現。充分溝通幫助客戶盤點他們是如何執行ISO，從而鑑別出組織內部需要改進的方向。

3.法規遵循

要體驗真正的、長遠的利益，引導客戶需要確保持續符合國際標準要求，使其維持內化常規。教育客戶了解標準以及如何實施，同時為客戶提供附加價值和差異化的管理工具促進合規過程管理。

Unit **7-8**
文件化資訊(1)

　　企業組織可依其規模，視其活動、過程、產品及服務的型態，進行制訂相關文件化程序文件。一般多採用四階層文化方式進行品質管理系統建置，文件化資訊程度，視組織內外過程及過程間交互作用之複雜性、組織人員的適任性。

　　建置文件程序為使組織所有文件與資料，能迅速且正確的使用及管制，以確保各項文件與資料之適切性與有效性，以避免不適用文件與過時資料被誤用。確保文件與資料之制訂、審查、核准、編號、發行、登錄、分發、修訂、廢止、保管及維護等作業之正確與適當，防止文件與資料被誤用或遺失、毀損，進行有效管理措施。

　　有關組織文件，用於指導、敘述、索引各類國際標準管理系統，如品質業務或活動，在其過程中被執行、運作者，如品質手冊、程序書、標準書、表單等。

　　有關組織資料，凡與品質系統有關之公文、簽呈及承攬、合約書、會議紀錄等，均為資料。外來資料如：國家主管機關法令基準、ISO國際標準規範、VSCC或檢測機關所提供之資料及供應商或客戶所提供之圖面，亦屬資料。

　　有關組織管制文件與資料，須隨時保持最新版之資料，具有制訂、修訂與分發之紀錄，修訂後須重新分發過時與廢止之資料須由文件管制中心依規定註記或經回收並銷毀。例舉已製造醫療器材與測試之過期文件，至少在使用壽命內能被取得，自出貨日起至少保存3年。

　　有關組織非管制文件與資料，凡不屬前述管制文件與資料者皆為非管制文件與資料。

　　維持（Maintain）文件化資訊：如表單文件、書面程序書、品質手冊、品質計畫。

　　保存（Retain）文件化資訊：紀錄、符合要求事項證據所需要之文件、保存的文件化資訊項目、保存期限及其用以保存之方法。

ISO 9001:2015_7.5.1條文要求

> 7.5.1 一般要求
> 　　組織的品質管理系統應有以下文件化資訊。
> 　　(a) 本標準要求之文件化資訊。
> 　　(b) 組織為品質管理系統有效性所決定必要的文件化資訊。
> 　　備註：各組織品質管理系統文件化資訊的程度，可因下列因素而不同。
> 　　　　(a) 組織規模，及其活動、過程、產品及服務的型態。
> 　　　　(b) 過程及過程間交互作用之複雜性。
> 　　　　(c) 人員的適任性。

文件化流程範例參考

權責單位	作業流程	應用表單
各單位部門	文件制定	文件封面 文件履歷
各單位部門	審核／核定	文件目錄一覽表
各單位部門	文件編號	
各單位部門	文件發行	
各單位部門	文件紀錄保存／歸檔	文件目錄一覽表
稽核小組	稽核與審查	稽核查檢表
各單位部門	文件修訂	文件履歷 文件目錄一覽表
各單位部門	文件廢止	文件履歷 文件目錄一覽表
各單位部門	文件更新歸檔	

Unit **7-9**
文件化資訊(2)

　　中小企業文件化資訊之建立與更新，必要時建立版本編訂相關管理辦法，經由文管中心發行之品質手冊、程序書、標準書及互相關聯之表單，應適切顯示版次編號，原則上除表單外，版本由首頁顯示版次，配合2015版標準條文要求，品質手冊（通稱一階文件）、程序書（通稱二階文件）統一由A版起。

　　建立二階程序書架構，大致要點說明包括目的、範圍、參考文件、權責、定義、作業流程或作業內容、相關程序作業文件、附件表單，章節建立由一、二……依序編排。建立三階作業標準書架構，大致要點說明、標準書之編寫架構由各制訂部門視實際需要自行制訂，以能表現該標準書之精神爲主，並易於索引閱讀與了解。

　　組織負責人應指派適任之文件管制人員成立文件管理中心負責文件管制作業，以管理系統文件之制訂、核准權責與適當儲存保管。

ISO 9001:2015_7.5.2條文要求

> 7.5.2 建立與更新
>
> 　　組織在建立及更新文件化資訊時，應確保下列之適當事項。
>
> 　　(a) 識別及敘述（例：標題、日期、作者或索引編號）。
>
> 　　(b) 格式（例：語言、軟體版本、圖示）及媒體（例：紙本、電子資料）。
>
> 　　(c) 適合性與充分性之審查及核准。

小博士解說

　　文件化資訊是公司組織進行標準化管理，推動QMS系統要項是不可或缺的，也是非常重要的過程管理流程之一。

　　組織內跨部門個別標準化作業的文件管制應加以整合，促使能一致性的達成QMS系統要求。文件化資訊推動精神，通用於ISO 9001品質管理、ISO 14001環境管理、ISO 45001職業安全衛生管理、GPM綠色產品管理、ISO 27001資訊安全管理等管理系統。

　　企業組織架構中，大多會於總經理室常設一文件管制中心，進行內部文件管理工作，可包括(1)文件的分類與編號、版本管理、簽核流程、分發與回收，(2)精實文件標準化、文件鑑別與追溯、文件管制稽核，(3)進階文件管制、外來文件管制、電腦化文件管制、技術文件管制與智慧財產權保護等。

專案人員績效考核表

一、基本資料

成員姓名		職別	
差勤狀況		獎懲狀況	

二、自我表現描述

自我表現描述			
項次	個人預期目標	實際成果描述	績效表現描述
專案1			
專案2			
專案3			

三、工作績效 、專案計畫執行成效

工作績效 、專案計畫執行成效（專案主管）		
1	個人專業技能	
2	日常事務	
3	規劃能力 / 策略技巧	
4	領導能力 / 指導別人	
5	激勵與獎賞他人能力	
6	團隊合作 / 個人特質	
7	決心與積極度	
8	反應速度與敏感度	
9	主動與創新性 / 外語能力	
10	合作度 / 溝通能力	

四、適性發展

1	□考績優越，可升調從事高職等工作
2	□適任現職，將來可望發展方向
3	□適任現職，但需要加強何種知識
4	□不適任現職，須遷調何種工作或建議如何安排
綜評	

Unit **7-10**
文件化資訊之管制

　　組織日常文件管制，其中文件修訂作業，文件若要修訂，一般應提出「文件修訂申請表」，提案要求研擬修改，並附上原始文件，請審核人員審查、核定，送文管中心逕行作業。文管中心應將修訂內容記載於「文件修訂記錄表」。文件修訂後，其版次更新遞增。分發修訂時，須將「文件修訂記錄表」及新修訂文件加蓋管制章後，即時一併分發於原受領單位。按分發程序辦理分發，必要時，同時收回舊版文件，並於相關表單中備註說明，以示完備負責。

　　組織文件廢止、回收作業，得由相關部門提出文件廢止申請，經研議後，呈原審核單位核定，由文件管制中心註記於相關表單上。因修訂、作廢而回收之文件，文管中心應予銷毀並記錄於「文件資料分發、回收簽領記錄表」之備註欄內說明。

　　組織外部單位需要有關程序文件時，文管中心應於「文件資料分發、回收簽領記錄表」登錄，並於發出文件上加蓋「僅供參考」，以確實做好相關管制措施。如因屬參考性質需要留存的舊版、無效的文件（資料），應於適當位置加蓋「僅供參考」章，以免被誤用。一般蓋有「僅供參考」章或未加蓋管制文件章或未註記保存期限之文件、紀錄僅能作為參考性閱讀，不得據以執行內外部品質活動。

　　組織有關外部文件管制作業，凡與品質相關之法規資料如ISO國際標準、CNS國家標準規範等，均由文管中心管制並登錄於「文件管理彙總表」，並即時主動向有關單位查詢最新版的資料，適時更新後勤支援相關作業。

一、文件化資訊之管制要點：

1. 在文件發行前核准其適切性。
2. 必要時，審查與更新重新核准文件。
3. 確保文件變更與最新改訂狀況已予以鑑別。
4. 確保在使用場所備妥適用文件之相關版本。
5. 確保文件易於閱讀並容易識別。
6. 確保組織為品質管理系統規劃與運作所決定外來文件予以鑑別，並對其發行予以管制。
7. 防止失效文件被誤用，且若此等文件為任何目的而保留時，應予以適當鑑別。

二、文件管制查檢要點：

1. 版次問題。
2. 程序內章節安排。
3. 善用文件編號。
4. 紀錄表單也應有文件編號。
5. 外來文件仍應管制。
6. 文件管制分類一般分為三階或四階文件。
7. 跨部門單位之Input/Output流程。
8. 文件管制與紀錄管制。

7.5.3.1

　　品質管理系統與本標準所要求的文件化資訊應予以管制，以確保下列事項。

　　(a) 在所需地點及需要時機，文件化資訊已備妥且適用。

　　(b) 充分地予以保護（例：防止洩露其保密性、不當使用，或喪失其完整性）。

7.5.3.2

　　對文件化資訊之管制，適用時，應處理下列作業。

　　(a) 分發、取得、取回及使用。

　　(b) 儲存及保管，包含維持其可讀性。

　　(c) 變更之管制（例：版本管制）

　　(d) 保存及放置。

　　已被組織決定為品質管理系統規劃與營運所必須的外來原始文件化資訊，應予以適當地鑑別及管制。

　　保存作為符合性證據的文件化資訊，應予以保護防止被更改。

　　備註：取得管道隱含僅可觀看文件化資訊，或允許觀看並有權變更文件化資訊的決定。

123

知識補充站

個案研究

台肥月刊劉奕鐘主任稽核員，曾公開釋義：

一、「文件」的範圍

政府機關、公立機構或部會所屬財團法人，其「文件」可以包括：

　1.公文類：往來公文、信件、簽陳、報告、工作底稿等。

　2.制度文件：即「系統文件」，又可分為(1)手冊、(2)程序書、(3)表單及記錄、(4)原稿及憑證等四階。依部門或功能別又可以分為(1)市場行銷及服務、(2)設計開發、(3)採購及儲運、(4)製造及品質、(5)人事及行政、(6)會計財務、(7)工程及保修、(8)安衛環保等子系統之文件。

　3.相關文件：指系統文件中所「引用」或「陳述」的「特定文件」。它可以是已列入系統的文件，也可以是外部的法規或技術資料，或內部編輯的文件，列管為內部系統文件者。

4.專業資料：

(1)外來之法規，如一階：法（條例、律、令、通則），二階：規（規則、細則、辦法、綱要、標準、準則），三階：要點、作業程序。

(2)「技術資料」：含3D圖、藍圖、表、說明書、規格、規範、樣本、參考資料等。

(3)內部編輯的書籍、講義、文件，其他資料或檔案。

二、文件管理的功能

文件也可依「用途」加以分類：

1.傳遞消息與情報用途：公文書類。

2.規範、指導作業用途：制度文件、法規類。

3.專業用途：法規、標準、技術文件、參考書籍、資料類。

4.記錄用途：三階文件：數據、記錄與表單。

5.佐證用途：四階文件：憑證、原稿、工作底稿類。

6.特殊用途：合約類。

個案討論：知識管理程序書

_____工業有限公司

文件修訂記錄表

文件名稱：知識分享管制程序　　　　　　　　文件編號：QP-xx

修訂日期	版本	原始內容	修訂後內容	提案者	制訂者
2019.01.01	A		制訂		

_____工業有限公司

文件類別	程　序　書		頁次	1／2
文件名稱	知識分享管制程序	文件編號		QP-xx

一、目的：

　　配合公司中長期業務發展，激勵員工藉由知識分享管理進行軟性內部外部溝通，透過知識文件管理、知識分享環境塑造、知識地圖、社群經營、組織學習、資料檢索、文件管理、入口網站等文化變革面、資訊技術面或流程運作面之相關專案導入與推動工作，跨專長提供問題分析、因應對策或其他策略規劃建議，內化溝通型企業文化，營造知識創造與創新思維。

二、範圍：

　　本公司員工與外部供應商之溝通、日常管理知識、潛能激發均屬之。

三、參考文件：

　　（一）品質手冊

　　（二）ISO 9001 7.4（2015年版）

四、權責：

　　總經理室負責全公司顯性知識與隱性知識之鼓勵激發各項活動措施。

五、定義：

　　（一）顯性知識：內外部組織文件化程序顯而易見，流程中透過書面文字、圖表和數學公式加以表述的知識。

　　（二）隱性知識：指未被表述的知識，如執行某專案事務的行動中所擁有的經驗與知識。其因無法通過正規的形式（例如：學校教育、大眾媒體等形式）進行傳遞，比如可透過「師徒制學習」的方式進行，或「團隊激盪學習」方式展開，透過激發對周圍專案事件的不同感受程度，將親身體驗、高度主觀和個人的洞察力、直覺、預感及靈感均屬之，激發提案改善創意種子。

　　（三）知識分享：人與人之間的互動（如：討論、辯論、共同解決問題），藉由這些活動，一個單位（如：小組、部門）會受到其他單位在內隱及外顯知識的影響。

　　（四）知識創造與創新：持續地自我超越的流程，跨越舊思維進入新視野，獲得新的脈絡、對產品與服務的新看法以及新知識。創新「新想法、新流程、新產品或服務的產生、認同並落實」或「相關單位採納新的想法、實務手法或解決方法」。

六、作業流程：略

_____工業有限公司

文件類別	程　序　書		頁次	2／2
文件名稱	知識分享管制程序	文件編號	QP-xx	

七、作業內容：

（一）掌握重點管理方式進行，授權與激發組織內部同仁潛能，共同達成 3S，單純化（Simplification）：目標單純、階段明確、焦點集中；標準化（Standardization）：建立作業程序、導入工具標準；專門化（Specialization）：團隊人員專業分工、精實協同合作。

（二）確定知識分享主題或解決個案對策原因。

（三）準備便利貼：一便利貼只能書寫一對策或原因。

（四）Work-out 五步驟：

步驟	目標	展開	工具或方法
1	腦力激盪	逐一針對「分享」主題發散思考，將每項創新寫入便利貼	便利貼
2	分類彙整	彙集團隊成員的所有便利貼	釘書機
3	層別	分類與收斂歸納所有便利貼	魚骨圖
4	重點排序	矩陣式思考所有收斂後的便利貼	矩陣圖
5	方案形成與修正	形成對策方案或原因方案，團隊成員共識討論，依重要程度排定優先順序進行改善方案與策略修正	SWOT分析表或策略形成表

（五）精進知識分享策略形成表。

八、相關程序作業文件：

　　管理審查程序

　　提案改善管制程序

九、附件表單：

　　1. 魚骨圖　　　　　QP-xx-01

　　2. 矩陣圖　　　　　QP-xx-02

　　3. SWOT分析表　　QP-xx-03

　　4. 策略形成表　　　QP-xx-04

_____工業有限公司

魚骨圖（範例）

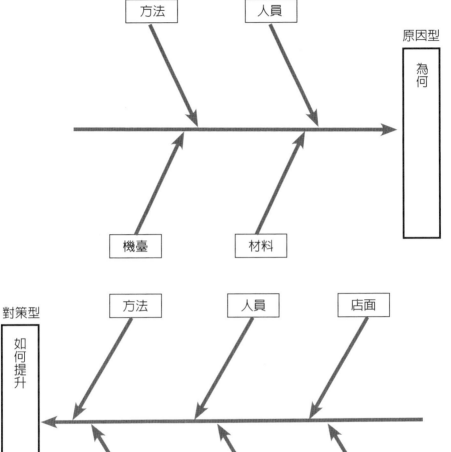

QP-xx-01

_____工業有限公司

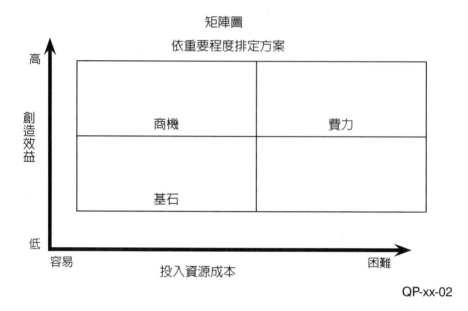

矩陣圖

依重要程度排定方案

QP-xx-02

_____工業有限公司

SWOT分析表

優勢（S：Strength）	劣勢（W：Weakness）
列出企業內部優勢：	列出企業內部劣勢：
機會（O：Opportunity）	威脅（T：Threats）
列出企業外部機會：	列出企業外部威脅：

QP-xx-03

_____工業有限公司

策略形成表

◎ 強度　　　　　　　○ 中度

內部分析 策略形成 外部分析		內部強弱分析	
		強勢（S）	弱勢（W）
外部環境分析	機會（O）		
	威脅（T）		

QP-xx-04

文件化管制程序書

_____工業有限公司

文件修訂記錄表

文件名稱：文件管制程序　　　　　　　文件編號：QP-xx

修訂日期	版本	原始內容	修訂後內容	提案者	制訂者
2019.01.01	A		制訂		

＿＿＿＿工業有限公司

文件類別	程　序　書		頁次	1 / 3
文件名稱	文件管制程序	文件編號	QP-xx	

一、目的：
　　為使公司所有文件與資料，能迅速且正確的使用及管制，以確保各項文件與資料之適切性與有效性，以避免不適用文件與過時資料被誤用。確保文件與資料之制訂、審查、核准、編號、發行、登錄、分發、修訂、廢止、保管及維護等作業之正確與適當，防止文件與資料被誤用或遺失、毀損，進行有效管理措施。

二、範圍：
　　凡屬本公司有關國際標準管理系統文件及程序文件與資料皆適用之。

三、參考文件：
　　（一）品質手冊
　　（二）ISO 9001:2015_7.5
　　（三）ISO 13485:2016_4.2與7.5

四、權責：
　　（一）專案負責人應指派適任之文件管制人員成立文件管理中心負責文件管制作業，以管理系統文件之制訂、核准權責與適當儲存保管。
　　（二）

類　　別	制　訂	審　查	核　准	發　行
品質手冊	文管	經理	總經理（管理代表）	文管中心
程序書（標準書）	各部門主辦人	部門主管	總經理	文管中心
表單	各部門主辦人	部門主管	總經理	文管中心

五、定義：
　　（一）文件：
　　　　用於指導、敘述、索引各類國際標準管理系統，如品質業務或活動，在其過程中被執行、運作者，如品質手冊、程序書、標準書、表單等。
　　（二）資料：
　　　　1.凡與品質系統有關之公文、簽呈及承攬、合約書、會議紀錄等等，均為資料。
　　　　2.外來資料如：國家主管機關、ISO國際標準規範、VSCC或檢測機關所提供之資料及供應商或客戶所提供之圖面，亦屬資料。
　　（三）管制文件與資料：
　　　　須隨時保持最新版之資料，具有制訂、修訂與分發之紀錄，修訂後須重新分發過時與廢止之資料須由文件管制中心依規定註記或經回收並銷毀。已製造醫療器材與測試之過期文件，至少在使用壽命內能被取得，自出貨日起至少保存3年。
　　（四）非管制文件與資料
　　　　凡不屬前述管制文件與資料者皆為非管制文件與資料。
　　（五）品質手冊：
　　　　乃本公司國際標準管理系統，如品質管理系統與品質一致性之政策說明，實施品質制度與落實政策，如品質政策與環境政策，最基本的指導文件。

工業有限公司

文件類別	程　序　書		頁次	2 / 3
文件名稱	文件管制程序	文件編號	QP-xx	

(六) 程序書：
　　品質手冊中，管理重點所引用之下一階文件的內容說明，為品質系統要項所含之各項程序的管理運作指導。各單位作業過程中，為確保操作品質與高效率的作業標準所依據的詳細指導文件，如作業標準書等。

(七) 表單：品質系統中各項程序書、標準書所衍生之各種表單。

六、作業內容：

(一) 品質系統文件編號原則：
　　1.品質手冊編號---QM-01
　　2.程序書編號-----QP-△△
　　　QP：代表程序書代碼
　　　△△：代表流水號
　　3.表單編號----QP-△△-□
　　　QP-△△：代表該對應之程序書代碼
　　　□：代表表單流水號01～99
　　　◇：於表單左下角位置標識版次（A版、B版……），以利識別
　　4.外來資料編號---**-◎◎◎
　　**：代表收錄年度（中華民國年曆）
　　◎◎◎：代表收錄流水

(二) 版本編訂辦法：
　　經由文管中心發行之品質手冊、程序書、標準書及相衍生之表單，應適切顯示版次編號，原則上除表單外，版本由首頁顯示版次，配合2015版標準條文要求，手冊、程序書統一由A版起。

(三) 內部文件系統架構說明：
　　1.品質手冊各章架構，依ISO 9001:2015版條款對應
　　2.程序書架構說明：目的、範圍、參考文件、權責、定義、作業流程或作業內容、相關程序作業文件、附件表單，由一、二……依序編排。作業標準書架構說明：標準書之編寫架構由各制訂部門視實際需要自行制訂，以能表現該標準書之精神為主，並易於閱讀與了解。

(四) 文件編訂：
　　1.依國際品質標準要求，責成有關部門制訂各種程序書、標準書。
　　2.製定之文件由權責人員審查、核定。
　　3.經核定後之文件，由總經理室文管中心編號。

(五) 文件修訂
　　1.文件若要修訂，應提出「文件修訂申請表」，要求研擬修改，並附上原始文件，請審核人員審查、核定，送文管中心作業。
　　2.文管中心應將修訂內容載於「文件修訂記錄表」。
　　3.文件修訂後，其版次遞增。
　　4.分發修訂時，須將「文件修訂記錄表」及新修訂文件加蓋管制章後，一併分發於原受領單位。
　　5.按分發程序辦理分發，必要時，同時收回舊版文件，並於相關表單簽註。

工業有限公司

文件類別	程　序　書		頁次	3 / 3
文件名稱	文件管制程序	文件編號	QP-xx	

（六）文件之分發（指品質手冊、程序書、標準書）即發文文件，於首頁加蓋「文件管制」章，並請受領單位於文管中心之「文件資料分發、回收簽領記錄表」上簽收。發行之文件、資料需每張蓋紅色發行章，發行章格式參考如下：

```
┌─────────────┐
│  發　行     │
└─────────────┘
```

（七）文件廢止、回收作業：

　　1.文件之廢止，得由相關部門提出文件廢止申請，呈原審核單位核定後，由文件管制中心，註記於相關表單上。

　　2.因修訂、作廢而回收之文件，文管中心應予銷毀並記錄於「文件資料分發、回收簽領記錄表」之備註欄內。

　　3.若版次更新時將舊版文件銷毀或蓋作廢章以識別。

```
┌─────────────┐
│  作　廢     │
└─────────────┘
```

（八）如有外部單位需要有關文件時，文管中心應於「文件資料分發、回收簽領記錄表」登錄，並於發出文件上加蓋《僅供參考》，以確實做好相關管制。

　　1.因參考性質需要留存的舊版、無效的文件、資料，應於適當位置加蓋「僅供參考」章，以免誤用。

　　2.蓋有「僅供參考」章或未加蓋管制文件章或未註記保存期限之文件、紀錄僅能作為參考性閱讀，不得據以執行品質活動。

（九）文件遺失、毀損處理：

　　1.填「文件資料申請表」，註記原因，各部門主管核准後，向文管中心提出申請補發。

　　2.損毀之文件：應將剩餘頁數繳回文管中心銷毀。

　　3.遺失之文件尋獲時，應即繳回文管中心銷毀。

（十）外部文件管制：

　　凡與品質相關之法規資料如國家標準規範等，均由文管中心管制並登錄於「文件管理彙總表」，並隨時主動向有關單位查詢最新版的資料。

（十一）有關DHF（Design history file）醫療輔具器材已開發完成之設計歷史完整紀錄、DMR（Device master record）醫療輔具器材主紀錄、DHR（Device history record）醫療輔具器材歷史生產紀錄，依「鑑別與追溯管制程序」記錄存查。

七、相關程序作業文件

　　QP-16鑑別與追溯管制程序

八、附件表

　　（一）文件修訂申請表　　　　　　　QP-xx-01
　　（二）文件修訂記錄表　　　　　　　QP-xx-02
　　（三）文件資料分發、回收簽領記錄表　QP-xx-03
　　（四）文件資料申請表　　　　　　　QP-xx-04
　　（五）文件管理彙總表　　　　　　　QP-xx-05

章節作業

選一程序文件進行稽核查檢，請分組完成一份內部稽核查檢表。

年　　月　　日　　　內部稽核查檢表

ISO 9001:2015 條文要求						
相關單位						
相關文件						
項次	要求內容	查檢之 相關表單	是	否	證據 （現況符合性 與不一致性描述）	設計變更或 異動單編號
1						
2						
3						
4						
5						
6						
7						
8						
9						
10						

管理代表：　　　　　　稽核員：

A版

第 **8** 章

營運

●●●●●●●●●●●●●●●●●●●●●●●●●●●● 章節體系架構 ▼

Unit 8-1
營運之規劃及管制

　　中小型企業營運規劃及管制，一般依客戶合約與業務銷售之狀況，訂定適當之生產計畫與資源規劃，在有限資源下，能發揮充分之人力效能以達成準時交付或交貨，並增進生產效率。內外部管制為確保製程中產品品質合乎品質需求與客戶要求，將製造流程條件、方法等，予以標準化規定，並透過製程查驗及管制，即時注意異常變化，預防問題再發生，穩定減少不良品之產生，提高精實生產效率，使產品與服務能在市場上更具競爭優勢。

　　舉凡內部規劃擬定生產計畫，一般由生產主管依業務部提供之訂購單與製令單，並依期約交貨日期決定生產順序後，將其登錄ERP企業資源規劃系統與生產計畫表，透過生產排程看板與走動式管理，提供管理者即時掌握廠內整體狀況，如庫存缺料、不良品停線、供料不穩定等。

　　個案研究，2017年企業社會責任報告書中揭露，台橡透過推動五年發展計畫的具體行動，經營團隊達成許多重要的進展，其中包括增加高值化產品（SEBS）的銷售，高級鞋材獲得國際品牌合作夥伴認證並開始供貨，改造並升級高雄的技術中心和研發設施，完成高雄廠乳聚苯乙烯-丁二烯橡膠（E-SBR）和聚丁二烯橡膠（BR）的分散式控制系統轉換，並在溶聚苯乙烯-丁二烯橡膠（S-SBR）技術發展面取得重大突破，這些關鍵行動計畫是奠定台橡公司未來數年利潤增長的重要基石與整體營運規劃發展。

ISO 9001:2015_8.1條文要求

8.1 營運之規劃及管制
　　組織應規劃、實施及管制所需要、用以滿足所提供產品與服務要求事項的過程（參照條文4.4），並以下列方法實施第6章所決定之措施。
(a) 決定產品與服務之要求事項。
(b) 確立如下準則。
　　(1) 過程。
　　(2) 產品及服務之允收。
(c) 決定達成產品及服務要求事項符合性所需之資源。
(d) 依據準則實施過程管制。
(e) 決定、維持並保管文件化資訊至如下之必要程度。
　　(1) 有信心其過程已依照既訂規劃執行。
　　(2) 展現產品與服務符合要求事項。
此規劃之產出應適合於組織的營運。
組織應管制所規劃的變更，並審查不預期的變更之後果，並依其必要採取措施以減輕任何負面效應。
組織應確保外包（Outsource）的過程受到管制（參照條文8.4）。

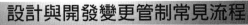

設計與開發變更管制常見流程

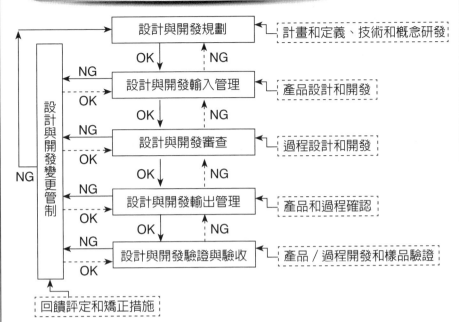

設計與開發規劃 ──◄── 計畫和定義、技術和概念研發

OK ↓ ↑ NG

設計與開發輸入管理 ──◄── 產品設計和開發

OK ↓ ↑ NG

設計與開發審查 ──◄── 過程設計和開發

OK ↓ ↑ NG

設計與開發輸出管理 ──◄── 產品和過程確認

OK ↓ ↑ NG

設計與開發驗證與驗收 ──◄── 產品／過程開發和樣品驗證

OK

回饋評定和矯正措施

設計與開發變更管制

常見COP圖（以開發管理流程為例）

開發管理流程Process：小組成立→開發規劃→樣品試作→量試量產→外觀尺寸檢驗及功性能測試→客戶確認→矯正及回饋

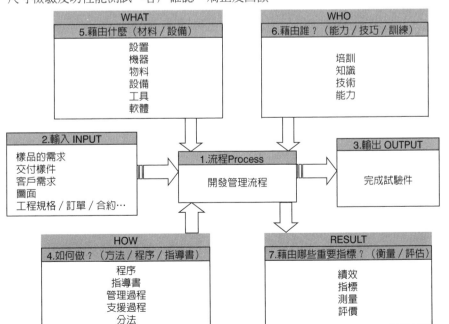

WHAT	WHO
5.藉由什麼（材料／設備）	6.藉由誰？（能力／技巧／訓練）

設置
機器
物料
設備
工具
軟體

培訓
知識
技術
能力

2.輸入 INPUT	1.流程Process	3.輸出 OUTPUT

樣品的需求
交付樣件
客戶需求
圖面
工程規格／訂單／合約…

開發管理流程

完成試驗件

HOW	RESULT
4.如何做？（方法／程序／指導書）	7.藉由哪些重要指標？（衡量／評估）

程序
指導書
管理過程
支援過程
分法

績效
指標
測量
評價

Unit 8-2
產品與服務要求事項(1)

個案研究中，列舉化學產業台橡努力創新，延伸其產品組合，發展高價值產品，透過兩個事業單位行銷至跨國及區域性的輪胎、工業用製品、熱熔膠所應用的個人護理及醫療產品等市場領導者。

橡膠事業單位為全球合成橡膠領先廠商之一，提供高質量的合成橡膠產品，從廣泛應用於輪胎及橡膠製品的TAIPOL乳聚苯乙烯-丁二烯橡膠（ESBR）、聚丁二烯橡膠（BR）、丁腈橡膠（NBR），到因應歐盟推動環保輪胎標籤所需之綠色輪胎，開發具低滾動阻力特性之TAIPOL溶聚苯乙烯-丁二烯橡膠（SSBR）。持續了解客戶需求及透過不斷提升的品質、服務以及品質管理，致力提供客戶發展所需的優質產品。

先進材料事業單位為全球苯乙烯嵌段聚合物及其下游摻配料領先製造商，提供多樣化產品組合，其具有耐久性及功能性等特性，包括TAIPOL及VECTOR之以丁二烯為配合單體的SBS產品、異戊二烯為配合單體的SIS產品、SBS經過氫化後之SEBS產品，及活粒T-BLEND以SEBS為主的摻配應用材料。我們持續拓展在亞洲、歐洲及美洲銷售網絡，為客戶提供一致及可靠的解決方案，及時、迅速的客戶及技術服務。

138

ISO 9001:2015_8.2條文要求

8.2.1 顧客溝通
　與顧客的溝通應包括以下內容。
　(a) 提供有關產品與服務之資訊。
　(b) 處理查詢、合約（Contract）或訂單，包括其變更。
　(c) 取得顧客對產品與服務的回饋，包括顧客抱怨。
　(d) 處理或管制顧客物品（Property）。
　(e) 對處理直接相關突發事件的措施，建立其特定要求事項。

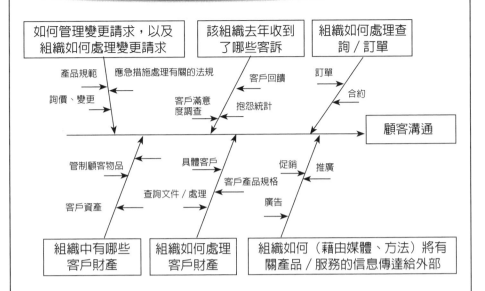

如何做好顧客溝通

如何管理變更請求，以及組織如何處理變更請求 | 該組織去年收到了哪些客訴 | 組織如何處理查詢／訂單

產品規範　應急措施處理有關的法規　客戶回饋　訂單
詢價、變更　客戶滿意度調查　抱怨統計　合約

顧客溝通

管制顧客物品　具體客戶　促銷　推廣
查詢文件／處理　客戶產品規格
客戶資產　廣告

組織中有哪些客戶財產 | 組織如何處理客戶財產 | 組織如何（藉由媒體、方法）將有關產品／服務的信息傳達給外部

與利害關係人溝通方式

利害關係人	溝通內容	溝通方式
投資人	企業社會責任報告書、經營績效、重大訊息、資訊揭露、公司產品介紹等	公司網站、股東會、發言人、E-mail或電話聯繫等
客戶	企業社會責任報告書、產品品質／交期／報價、維修／技術服務、客訴、共同參與公益活動等	公司網站、拜訪客戶、E-mail或電話聯繫、現場服務、響應公益活動等
員工	企業社會責任報告書、安全衛生、福利措施、薪資制度、訓練、員工建議等	公司網站、定期／不定期訓練、部門會議、秘書茶會、訪談、內部公告等
供應商	企業社會責任報告書、供應商評鑑、供應商考核、工安訓練、工安環保、詢價、採購、發包等	公司網站、ISO 9001/14001、OHSAS 18001、SA 8000制度、傳真、E-mail或電話聯繫、巡檢等
政府	企業社會責任報告書、法規諮詢等	公司網站、法規鑑別、法規宣導等
社區／地方團體	企業社會責任報告書、公益活動參與等	公司網站、參與社團、贊助公益活動等

Unit 8-3
產品與服務要求事項(2)

個案研究列舉醫藥以生產癌症治療相關原料藥奠定全球知名度的台灣神隆公司，組織擁有先進的cGMP生產設施，分別接受來自國內食品藥物管理局TFDA，以及國外藥事主管機關包括歐盟EMA、EDQM、美國FDA、澳洲TGA、日本PMDA、韓國FDA、德國官方查廠等的國際品質查驗，國際級的品質與專業服務深受肯定。台灣神隆產品開發種類廣泛，技術能力則含括小分子（Small molecules）有機合成及胜肽（Peptides）化合物等，研發能量完整而堅實。

個案研究台橡在高雄廠、岡山廠及南通地區廠區皆建立「QC 080000有害物質管理系統」供其內外部遵循，並持續使用「綠色供應鏈資訊管理平台」來進行供應商原物料HS 資訊及各產品化學物質資料庫評估管理，以確保所有原物料能符合RoHS及歐盟新化學品政策（REACH），高度關注物質（SVHC）等國際環保指令／法規之規範。台橡除制定「無有害物質管理程序」確保提供客戶HSF產品外，也持續對供應商之永續議題執行管理，更進一步達成「無有害物質」或「有害物質削減」目標，使原料、包材、半成品及成品化學物質組成符合法規與客戶之要求，減少產品有毒物質殘留，改善產品品質，達成企業社會責任及對客戶之承諾，善盡地球公民之環保力。

台橡在2017年針對歐盟SVHC（高度關注物質）174項更新之法規，已全部完成盤查，2017年客戶要求清查之物質，皆遵照管理程序完成評估，並提供相對應聲明書作為回覆。

台橡針對所提供的橡膠產品規格性能及使用注意事項，均列於分析報告（COA）及安全資料表（SDS備註）內，使客戶了解安全的使用方法，並列有諮詢專線，盡全力協助客戶取得需求資訊，對每個客戶第一次的出貨必定附上SDS，明確標示物質資訊、廢棄處理方式、使用條件，SDS除了可在官網上查詢，也可以隨時依客戶需求提供。

ISO 9001:2015_8.2條文要求

8.2.2 決定有關產品與服務之要求事項
　　決定擬提供給顧客的產品與服務之要求事項時，組織應確保下列事項。
　　(a) 產品與服務要求事項定義如下。
　　　(1) 所適用的法令及法規要求事項。
　　　(2) 組織認定所必需的要求事項。
　　(b) 組織對其所提供的產品與服務，可達成其宣傳內容。

組織應確定顧客的需求

1. 顧客明定的產品／服務要求：包括可用性、交貨期及支援服務等
2. 顧客沒有明定的產品／服務要求（例如慣例）：組織須溝通了解後，並進行轉化，使組織成員都能充分了解這些要求
3. 適用於產品相關法令與法規要求
4. 組織所需要之要求

1. 您有哪些流程可以確定向潛在客戶提供的產品和服務的要求？您如何建立、實施和維護這一過程？
2. 是否有權在啟動產品開發或生產之前確定客戶要求？
3. 由於產品的性質是否有其他標準，如BS、EN或ISO，客戶未說明但該產品應遵守哪些標準？
4. 由於您的產品的性質，是否有法定和法規要求確定用戶的健康和安全，以及環境保護？

交貨後活動包括：保固條款的活動、合約之義務如維修服務，及增補服務如資源回收或產品最終處置

1. 檢查工作描述
2. 在相關紀錄上簽署該權限

國際環保相關指令

RoHS	電子及電器設備禁用物質指令（2002/95/EC, the restriction of the use of oertain hazardous substancesin electical and electronic equipment） 重金屬：汞（Hg）、鉛（Pb）、鎘（Cd）、六價鉻（Cr_6^+） 溴系耐燃劑：多溴聯苯（PBBs）、多溴聯苯醚（PBDEs）
WEE	電子及電器設備廢棄物處理指令（2002/96/EC, waste electrical and electronic equipment），包括直流電小於1500V、交流電小於1000V之電子電器產品及所有零部件&耗材。
EuP	使用能源產品之環境化設計指令（Eco-Design Requireements for Energy using products） 針對使用能源之產品（運輸工具除外） 建立環境特性說明書（Eoo-Profile） 與歐盟國家達成相互承認之標章產品可不需查核
REACH	化學品登記、評估及核准制度 約3000項化學品將列管
Public Green Procurement	綠色公共採購指令 允許會員國於公共採購招標文件中納入環境考量
ELV	廢車回收指令（2000/53/EC）

Unit 8-4
產品與服務要求事項(3)

台橡的產品上清楚說明，在各過程中考慮到永續性，藉由結合內部各權責單位，提升客戶滿意度，提供客戶更便利的服務，並關注隱私及交易安全等相關保護，隨時對客戶執行品質（含HSF）、交期、配合度等滿意度調查作業。客戶若有HSF調查需求，依台橡所建構化學物質（產品安全評估）資料庫進行比對，並依據「無有害物質管理作業程序」回應客戶需求。

目前台橡的各項產品都會利用到以上所述永續產品說明方式，依循國內相關產品法規進行產品之生產、標示與銷售，包含GHS規範、公平交易法、智慧財產權保護、個人資料保護法等，2017年揭露並無違反健康安全法規和自願性規範準則及產品標示而遭受處罰之訴訟案件，亦未有違反行銷法規及因產品責任而產生侵權行為。

一般合約審查，對合約或訂單檢討、確認及業務協調之作業程序，以確保合約或訂單能符合客戶要求所需，提供產品服務能及時適宜適地安排有限資源進行適當管理。

ISO 9001:2015_8.2條文要求

8.2.3 審查有關產品與服務之要求事項

8.2.3.1 組織應確保有能力提供顧客符合要求事項的產品與服務。在承諾提供顧客產品與服務之前，組織應審查以下要求事項。

(a) 顧客所指定的要求事項，包括交付及交付後作業之要求事項。

(b) 顧客並未述明的要求事項，但已知為其特定或預期使用所必需者。

(c) 組織所指定之要求事項。

(d) 適用於產品與服務之法令及法規要求事項。

(e) 合約或訂單要求事項，不同於先前明文表示者。

組織應確保與先前定義不同的合約或訂單之要求事項得以解決。

若顧客未對要求事項提供文件化陳述，組織在接受要求事項之前，應先確認顧客的要求事項。

備註：某些情況下，如網購，對每一訂單進行正式審查並不可行。取而代之，可改以審查直接相關的產品資訊，例：型錄或廣告。

8.2.3.2 適用時，組織應保存下列文件化資訊。

(a) 審查結果。

(b) 產品與服務任何新的要求事項。

8.2.4 產品與服務要求事項變更時，組織應確保直接相關的文件化資訊得以修訂，且直接相關人員得以了解要求事項之變更。

合約審查PDCA

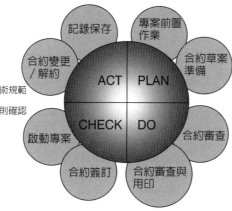

輸出項目

工作範圍確認
執行時程表／交期確認技術規範
內容確認
保固／保證條款及相關罰則確認
工程單價查核
材料表確認
合約圖件符合報價基礎
施工說明確認
安衛條款確認

中央圓形：記錄保存、專案前置作業、合約變更／解約、合約草案準備、ACT、PLAN、啟動專案、CHECK、DO、合約審查、合約簽訂、合約審查與用印

輸入項目

規格項目
檢測頻率
合約價格
付款辦法
交期及交貨方式
合約變更
注意事項
逾期罰款
保證責任及服務
其他條件（業績調整）

合約變更作業

| 第1步：啟動合約變更 | 第2步：計劃合約變更 | 第3步：批准和談判合約變更 | 第4步：授予合約變更 | 第5步：管理合約變更 | 第6步：結束合約變更 |

專案控制的工作重點是控制和專案有關的各種變更，包括進度、成本、品質和範圍的變更。變更要經過變更管制系統的同意，而且為了確保所有受影響部分都做了變更，必須指定人員進行變更的後續追蹤。

1. 提出變更要求：變更要求中要包括變更說明、驗證資料、影響描述、可能方案等。
2. 初步審查：變更管制委員會定期開會，初步審查變更要求是否退回、延緩或進一步分析。
3. 影響分析：指派人員分析變更對成本、進度和資源的衝擊和影響，然後由管制委員會再次審查，決定是否接受、退回或延緩變更。
4. 高層核准及決定變更順序：專案團隊將資料送交組織高層核准，並由高層決定該變更在組織內眾多變更之間的執行順序。

Unit 8-5
產品與服務之設計及開發(1)

圖解國際標準驗證ISO 9001:2015實務

144

中小企業設計產品需求，一般會依據年度新品規劃、客戶需求、其他製程改善作業要求與跟隨同業新品等要素，進行產品與服務之設計及開發。

常見從設計規劃、開發設計、審查作業、驗證作業、確認試量產與設計變更，皆需投入專業人員、設備機器、物料、方法等，經過嚴謹審查驗證流程，高標準符合客戶要求。

設計規劃階段，業務部門接到規劃開發之任務，應配合製造單位、業務人員組成「設計開發小組」，並指定專案負責人進行設計開發工作，定期提出專案進度報告。必要時可邀請熟諳相關專業之人員參加「設計開發小組」。專案負責人應依據開發計畫填寫「設計開發規劃表」。

開發設計階段，開發設計進入正式設計時，由專案負責人就業務層面設計或修改新功能結構。依可行性之最佳模擬方案就其處理範圍與目標，完成開發以求其設計開發範圍與目標更為具體化，並將所有規劃記錄於「設計開發規劃表」，呈總經理核准。

設計審查階段，設計開發案在適當的時段，應依規劃內容於適當的階段評估其設計開發是否符合能力，及如有任何問題是否提出必須的行動，所評估的內容和提出的行動，應登錄於「設計開發詳述表」。

ISO 9001:2015_8.3條文要求

8.3.1 一般要求

組織應建立、實施及維持一適用的設計及開發過程，以確保後續所提供之產品與服務。

8.3.2 設計及開發規劃

在決定設計與開發的階段及管制時，組織應考慮下列事項。

(a) 設計與開發活動的本質、持續期間及複雜性。

(b) 所需要的過程階段，包括適用的設計與開發審查。

(c) 所需的設計與開發查證（Verification）及確證（Validation）活動。

(d) 設計與開發過程所涉及之責任及職權。

(e) 產品與服務的設計與開發之內部及外部資源需求。

(f) 管理參與設計與開發過程的人員間介面之需求。

(g) 顧客及使用者團體參與設計與開發過程之需求。

(h) 後續提供的產品與服務之要求事項。

(i) 顧客與其他直接相關利害關係者所期待的設計與開發過程之管制程度。

(j) 用以展現符合設計與開發要求事項所需要的文件化資訊。

常見QFD品質機能展開工具圖

品質屋

相關矩陣

工程技術

顧客期望 | 顧客需求與工程技術間關係矩陣 | 競爭產品評估

改善的優先順序

| 設計需求 | 零件特性 | 主要作業 | 生產需求 |

顧客需求 → 產品規劃 → 產品特性 → 設計需求 → 零組件展開 → 零件規格 → 零件特性 → 製程規劃 → 製造程序 → 主要作業 → 生產計畫

常見設計變更流程

流程一
提出工程變更申請
工程變更及原因擬定

流程二
審核部門提出變更申請可行性
針對變更項目提出申請並說明想要達成之目標

流程三
審核通過

流程六
執行申請部門變更申請提出圖檔變更
分配工程變更相關評核與分析項目至相關部門

流程五
存取設變圖檔資料

流程四
依變更決策小組審核向文管部門提出正式設變
工程變更之接受與否、工程變更之影響評估

流程七
修改圖檔
變更部門依據變更項目進行試作

流程八
審核修改
變更之影響與結果審查

流程九
審核圖檔通過
工程變更結果之批准

流程十二
結案
資料記錄之更新與建檔

流程十一
新增變更通知記錄
工程變更任務之執行及結果記錄

流程十
將審核過的圖檔資料匯入
發出相關之設變通知至相關單位

Unit **8-6**
產品與服務之設計及開發(2)

設計及開發投入，可從產品設計基本原則來跨域思考，標準化、簡單化、安全性、可用性（Availability）、可靠性（Reliability）、可維護性（Maintainability）、通用性、識別性、易接近性（Accessibility）。模組化設計，設計產品前，可先將產品之零組件拆解，依零組件擔任之功能，將相同功能之零組件組合在同一基座上（Block），這些組件即構成一模組機構。最終產品則依顧客需要，選擇所需模組組合而成，並可追求通用設計。透過品質機能展開與人因工程，層別出顧客所需，聚焦人是產品品質衡量之基準、機具性能與人員績效（如速度與準確度）、安全舒適、美觀迷人、愉悅的（Cheerful）、感性、人性尊嚴等。

品質機能展開（Quality function deployment），「品質」即是品質屋（House of Quality, HOQ）所要達到之品質要求；機能又稱為功能，即是傾聽客戶聲音（Voice of Customers, VOC）後，經跨域腦力激盪所彙整之功能需求，亦可稱為客戶需求（Customer requirement）；「展開」即是要達成產品品質所進行之一連串流程整合，包括概念提出、設計、製造與服務流程、配送交貨等。換言之，品質機能展開即是透過大數據了解客戶需求後，展開一系列流程精實改造與整合工作，以達成客戶所需產品功能之完整全面品質管理工作。品質機能展開的重點有二，其一為品質屋建立，其二為針對品質追求流程合理化進行技術展開。品質屋組成分為六大部分，分別為客戶需求、需求評估、技術需求、關係矩陣、技術需求關聯矩陣與技術目標。

產品驗證階段，新開發設計完成之產品，正式實施前，應進行各個功能及整體產品之測試，測試工作以不影響正式量產作業為原則，測試工作之進行應由專案負責人提出測試計畫進行測試，測試時應填寫「設計開發驗證確認報告單」或委託專業機構進行測試與出具產品檢測驗證報告書。

確認階段，產品設計開發完成後，應將設計開發完成之產品交由相關製造部門試產測試，確認符合需求無誤後，填寫「設計開發驗證確認報告」，呈總經理核准後，即可正式進行生產與行銷推廣。

ISO 9001:2015_8.3條文要求

8.3.3 設計及開發投入
　　組織應決定對其所設計與開發的特定類型產品與服務，所必需的要求事項。
　　組織的考慮內容如下。
　　(a) 功能及性能要求事項。
　　(b) 由先前類似設計與開發活動所取得的資訊。
　　(c) 法令及法規要求事項。
　　(d) 組織已承諾實施的標準或實務規則。
　　(e) 因產品與服務本質所可能導致的失效後果。
　　投入應完整、明確地適切於設計及開發之目的。
　　設計及開發投入過程的衝突應予以解決。
　　組織應對設計及開發的投入，保存其文件化資訊。

設計及開發輸入

產品設計輸入
製造工藝設計輸入
設計條件
基本性能
式樣
特色

Input

資源：
人
設施／設備
材料
方法

活動（品質特性項目）
1. 公司必須識別、記錄和審查產品
   根據合同審查設計輸入要求
2. 公司必須識別、記錄和審核製造
   工藝設計輸入要求
3. 公司必須使用科學方法來建立、
   記錄和實施識別過程，包括由客
   戶和風險分析確定的過程，並包
   括：圖紙中所有特殊特徵的文
   檔、FMEA等風險分析、控制計
   劃和工作／操作指導書

Output

結果：
產品
服務
性能

設計開發先問為什麼

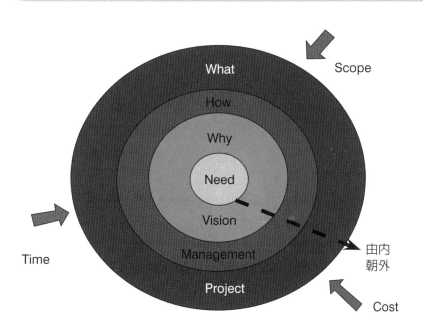

Scope

What

How

Why

Need

Vision

Management

Project

由內
朝外

Time

Cost

Unit 8-7
產品與服務之設計及開發(3)

醫療器材管理辦法依據風險程度，分成下列等級。第一等級：低風險性，第二等級：中風險性，第三等級：高風險性。

藥事法第13條：所稱醫療器材，係用於診斷、治療、減輕、直接預防人類疾病、調節生育，或足以影響人類身體結構及機能，且非以藥理、免疫或代謝方法作用於人體，以達成其主要功能之儀器、器械、用具、物質、軟體、體外試劑及其相關物品。

藥事法第18條：所稱醫療器材製造業者，係指製造、裝配醫療器材，與其產品之批發、輸出及自用原料輸入之業者。前項醫療器材製造業者，得兼營自製產品之零售業務。

醫療器材之設計與開發管制，包含建置設計與開發管制程序、及時更新各國上市前審查規定、了解醫療器材安全性與功效性評估方法、決定產品分類分級、執行風險分析與評估、蒐集產品指引與驗證標準、建立設計輸入、專案設計與開發計畫、執行產品安全與功效評估等。

以法令要求，第一等級醫療器材製造廠應保存申請產品品質、安全及功效性之醫療器材優良製造規範執行之相關文件，且已建置有產品採購、生產、檢驗、不合格品管制、銷售、上市後發生不良反應之通報及回收、文件與資料管制、品質紀錄之管制及矯正與預防措施等各項書面執行程序及紀錄。製造業者之所有設計變更與修改，於實施前應予鑑別、記載及審查，並經被授權人員核准。

ISO 9001:2015_8.3條文要求

8.3.4 設計及開發管制
組織應管制設計與開發過程以確保下列事項。
(a) 已界定預訂達成的結果。
(b) 執行審查以評估設計及開發結果符合要求事項的能力。
(c) 執行查證活動以確保設計及開發的產出，達到其在投入方面的要求事項。
(d) 執行確證活動以確保最後產出的產品與服務，符合其特定應用或預期使用之要求事項。
(e) 對審查或查證及確證活動期間所確定的問題，採取必要措施。
(f) 設計及開發管制活動之文件化資訊得以保存。
備註：設計及開發之審查、查證及確證各有其不同目的。可依以適合組織的產品與服務的方式，個別或以其組合的方式執行之。

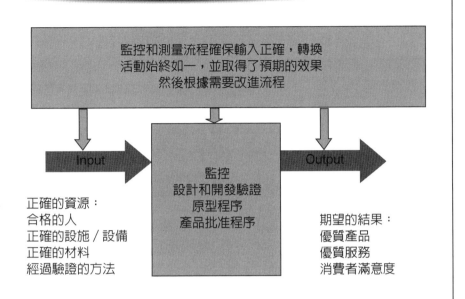

設計及開發管制

> 監控和測量流程確保輸入正確，轉換
> 活動始終如一，並取得了預期的效果
> 然後根據需要改進流程

Input　　　監控
設計和開發驗證
原型程序
產品批准程序　　　Output

正確的資源：
合格的人
正確的設施／設備
正確的材料
經過驗證的方法

期望的結果：
優質產品
優質服務
消費者滿意度

設計及開發SIPOC模式

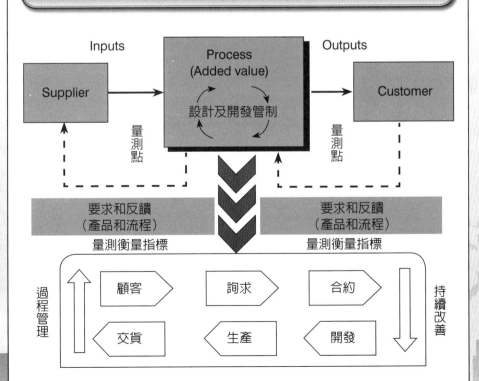

Inputs　　　Process (Added value)　　　Outputs

Supplier　　　設計及開發管制　　　Customer

量測點　　　量測點

要求和反饋
（產品和流程）　　　要求和反饋
（產品和流程）

量測衡量指標　　　量測衡量指標

過程管理　　　顧客　　詢求　　合約　　持續改善
交貨　　生產　　開發

Unit **8-8**
產品與服務之設計及開發(4)

企業落實建立、實施與維護設計開發流程，包括規劃設計開發計畫、設計開發輸入、設計開發管制、設計開發輸出，提供所有流程適切性、監督量測要求適用性，產品符合預期使用安全之目的與產品能正確被使用。公司設計開發審查、管制與鑑別，對於產品與服務之設計開發或後續流程之設計輸出之變更，確認對於品質規格要求沒有不良之影響。

列舉醫療器材之設計與開發，產出的文件化資訊，可包含DHF(Design history file)醫療輔具器材已開發完成之設計歷史完整紀錄，產品從設計輸入、法規要求規範、設計審查、設計驗證、報告確證、產品標示與設計變更，相關紀錄與存查。

DMR（Device master record）醫療輔具器材主紀錄，清楚說明輔具器材如何生產，產品試驗和允收準則的器材設計活動的基礎文件，從原材料、包裝和標籤規範、產品規範、QC工程圖、BOM物料清單、作業標準書、量測儀器設備操作、QC品質計畫、製程程序、檢驗程序、允許準則、安裝程序與服務要求，需依文件化管制與ERP紀錄存查。

DHR（Device history record）醫療輔具器材歷史生產紀錄，產品製造生產歷史紀錄可追溯性，佐證符合經批准的醫療輔具器材主紀錄，包括製造試驗報告、批次紀錄、操作紀錄、功能性試驗報告與標籤，需依文件化管制與ERP紀錄存查。

由經濟部工業局與台灣電路板協會透過專家諮詢與利害關係人會議討論並公告，協商建置軟性電路板（FPC）外觀品質允收準則，其良善目的在建立一個有關軟性電路板外觀品質判別的通則，可作為製造廠與下游應用客戶間，對於軟板產品外觀品質允拒收的客觀判別依據，有助於提升製造技術及減少不必要報廢所引起的資源浪費及環境污染。在判別標準上能夠形成具體共識，則對FPC的廢品減量與FPC製造商的技術提升，都能產生正面效益。

FPC空板允收準則，包含成型外觀、導體、保護膜、印刷油墨、補強板貼合、表面處理（鍍層或皮膜）。

搭載元件組裝板允收準則，包含零件焊接、連接器焊接。

ISO 9001:2015_8.3條文要求

8.3.5 設計及開發產出 　　組織應確定設計及開發產出應確保下列事項。 　　(a) 符合投入之要求事項。 　　(b) 適切於後續提供產品與服務的過程。 　　(c) 納入或引用監督及量測要求事項，適當時，包括允收準則。 　　(d) 具體說明產品與服務為達成其預期目的、其安全及適當供應，所必要的特 　　　　性（Characteristic）。 　　組織應保存設計及開發產出的文件化資訊。

五個階段開發設計程序

1. 概念發展	2. 系統設計	3. 細部設計	4. 測試與修正	5. 生產預試
調查產品概念的可行性 發展工業設計 概念建立與測試實驗原型	產生產品架構的替代方案 定義主要次系統及介面 修正工業設計	定義零件的幾何形狀 選擇材料 設定容許差 完成工業設計控制文件	執行可靠度、壽命和功能測試 取得規定許可實施設計變更	評估早期的生產成品

設計與開發之產出應包括已規劃的要求，能夠加以查證與確認的資訊；提供產出已有效能及有效率地符合流程與產品要求之客觀證據

設計與開發產出應針對投入進行審查 ⬆ Support ⬆ Support ⬆ 組織應保留設計開發輸出的文件化資訊

產品規格、製程規格、原物料規格、測試規格、訓練要求、使用者及消費者資訊、採購要求，及合格測試報告等

市場調查與產品概念

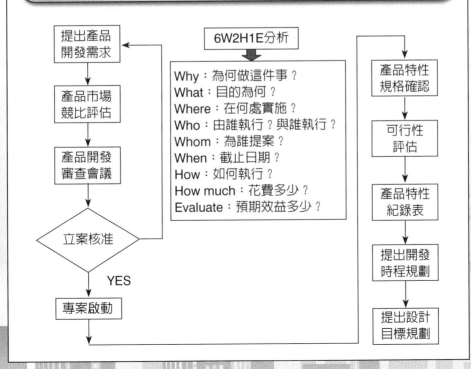

提出產品開發需求
↓
產品市場競比評估
↓
產品開發審查會議
↓
立案核准
↓ YES
專案啟動

6W2H1E分析

Why：為何做這件事？
What：目的為何？
Where：在何處實施？
Who：由誰執行？與誰執行？
Whom：為誰提案？
When：截止日期？
How：如何執行？
How much：花費多少？
Evaluate：預期效益多少？

產品特性規格確認
↓
可行性評估
↓
產品特性紀錄表
↓
提出開發時程規劃
↓
提出設計目標規劃

Unit 8-9
產品與服務之設計及開發(5)

　　設計及開發變更，為使設計變更時有關文件資料、圖面與檔案，能迅速且正確傳達至各相關單位，使工廠生產圖面、文件資料均被維持在最新、最正確的版次，並能符合最新規範、法規及客戶之需求，制訂辦法。

　　一般設計變更時機，有下列幾種：客戶使用時發現之問題、抱怨、客戶之要求與建議，國際規範、法規標準變更時，增加新來源之設計資料，發現更好的改良方案。所有設計變更程序須經由有關單位提出填寫「設計變更通知單」並經審查後，送至研發技術單位。技術人員對通知單內容評估分析其可行性，若屬可行則可決定試作或直接變更圖面。

　　有關醫材產品，如有設計更改需求時，須重新審查「基本安全查核表」及「危險性評估」以符合其變更要求。技術人員依法規、工程資料、經驗、可行性分析將圖面予以更新並進行輸出。技術主管應就產品性能、安全、規範、法規等相關資料予以審查查證。變更之圖面由技術主管加以審查並文件化保存。

　　醫療器材上市後，因醫療器材引起的嚴重不良事件（包含不良品及不良反應）發生時，應在辦法規定期限內進行通報。為確保醫療器材使用的安全，根據「藥事法」、「嚴重藥物不良反應通報辦法」及「藥物安全監視管理辦法」等法規，將醫療器材的不良事件通報納入藥物（藥品及醫療器材）安全監視管理範疇。若發生使用醫療器材出現嚴重不良事件時，依照醫療器材不良事件通報作業流程進行通報主管機關。

　　預防負面衝擊所採取的措施，小從5S管理、特性要因圖、QC品管圈活動、TPS精實生產、QFD品質機能展開、危害風險管理、IE工業工程技術、TQM全面品質管理、文件化資訊管理、同步工程、敏捷式專案管理，擴及至外包管理、變更管理、風險機會管理、ISO國際標準、企業文化、高階領導與CSR企業社會責任等日常應變管理措施，潛移默化深耕永續。

ISO 9001:2015_8.3條文要求

8.3.6 設計及開發變更

　　組織應鑑別、審查及管制產品與服務之設計及開發期間或其後所作的變更，至足以確保對要求事項的符合性無負面衝擊之必要程度。

　　組織應保存下列文件化資訊。

　　(a) 設計及開發變更。

　　(b) 審查結果。

　　(c) 變更之權責。

　　(d) 為預防負面衝擊所採取的措施。

設計及開發變更程序

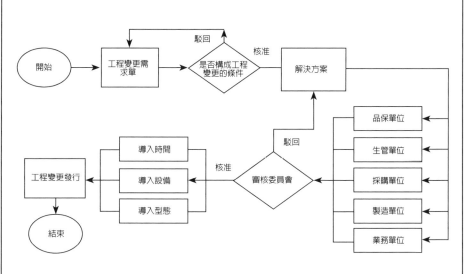

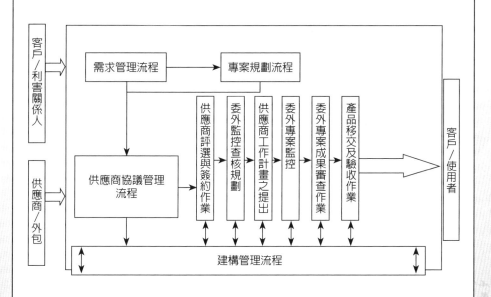

Unit **8-10**
外部提供過程、產品與服務的管制(1)

個案研究以電腦產業之廣達電腦爲例,其利害關係人有股東與投資者、客戶、供應商、員工、社區、其他等。其中以客戶要求,廣達電腦必要承諾,提供最具市場競爭力及高品質的產品與服務,提供包括從設計、製造到後勤支援等服務的整體解決方案提高客戶滿意度、與客戶建立長期緊密而互信的商業夥伴關係等。完整提供生產過程、產品設計與整體解決方案服務的必要管制,皆須符合客戶所需。

廣達電腦對供應商必要承諾,有合法與公平交易、了解環安衛注意事項與規範細節、了解並提供廣達實行社會責任等相關協助。

廣達電腦對員工必要承諾,有確保及尊重人權、員工職涯發展、合法及公平的評價與待遇、安全衛生的工作環境、彈性福利與健康促進等。

ISO 9001:2015_8.4條文要求

8.4.1 一般要求

組織應確保外部所提供的過程、產品與服務符合要求事項。

下列情況時,組織應決定對外部提供的過程、產品與服務實施之管制內容。

(a) 預期將外部提供者的產品與服務,併入組織本身的產品與服務中。

(b) 由外部提供者以組織的名義,直接將產品與服務提供給顧客。

(c) 組織決策所導致,由外部提供者提供過程或局部。

組織應依據要求事項,根據外部提供者提供過程或產品與服務的能力,決定並運用準則,以評估、選擇、監督績效,及重新評估外部提供者。組織應將此類活動,及因評估而導致的必要措施,作成文件化資訊並予以保存。

8.4.2 管制的形式及程度

組織應確保外部所提供的過程、產品及服務,對組織始終如一地交付具有符合性的產品與服務給顧客之能力,沒有負面影響。

組織應考量下列事項。

(a) 確保外部所提供的過程,納入其品質管理系統的管制。

(b) 界定對外部提供者及其產出此二者所預期之管制。

(c) 將下列事項納入考量。

　　(1)外部所提供的過程、產品與服務,對組織始終如一地符合顧客及適用法令及法規要求事項的能力,所可能產生的衝擊。

　　(2)外部提供者實施管制的有效性。

(d) 決定爲確保外部所提供的過程、產品與服務符合要求事項,所必需的查證或其他活動。

採購契約要項

```
                    採購
                     │
    ┌──────────┬──────────┼──────────┬──────────┐
  基本要求    分包商之評估   採購資料   採購品之查證
```

基本要求	分包商之評估	採購資料	採購品之查證
·規格、圖樣與採購訂單之要求事項 ·合格供應商的選擇 ·品質保證之協議 ·查證方法之協議 ·解決品質糾紛之條款 ·進料檢驗計畫 ·進料管制 ·進料品質記錄	·實地評估分包商之能力及品質系統 ·產品樣本之評估 ·類似供應品之以往記錄 ·類似供應品之視驗結果 ·參考其他用戶之使用經驗 ·界定供應者對分包商之管制方式與程度 ·建立與維持可接受的分包商之品質記錄	·型式、類別、等級或其他精確的識別說明 ·名稱或其他正確的識別 ·所採用的品質系統標準之名稱、編號及版本 ·供應者應對規定要求之適切性加以審查與核准	·供應者在分包商場所之查證 ·客戶對分包產品之查證

客供品管制程序

書面的作業規定:
1. 接獲材料時,規定核對數量及其正確性。
2. 儲存時,應規定確實的保存方法,並定期查驗,必要時,須作妥善的識別或隔離。
3. 運送時,應規定確立適當的運送工具與方法。
4. 使用時,應規定了解使用的正確方法,並標識或隔離以防止是項材料混雜至其他產品。
5. 所有執行作業記錄,應予以保存。
6. 一旦有所遺失、損壞或不適用時,均應加以記錄並通知客戶。

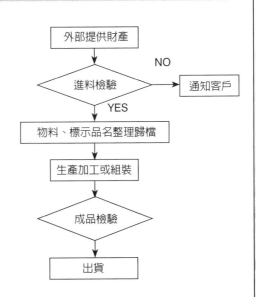

Unit 8-11
外部提供過程、產品與服務的管制(2)

廣達電腦與客戶間，透過有系統性進行溝通，包含QBR（Quarterly Business Review）、定期客戶滿意度調查、不定期參與各式技術論壇、研討會及演說，配合客戶產品、環境、責任等要求與查核並協同預防與持續改善、員工面對媒體以及資訊揭露守則規範之宣導和訓練、宣導全體員工遵守保密協議和員工面對媒體對應守則。

廣達電腦與供應商間，透過有系統性進行溝通，包含簽署環保承諾書、提供產品須通過認可第三方實驗室檢驗、進料檢驗抽樣送廣達GP實驗室監測、廣達環保網站（green.quantacn.com）、廣達輔材環保網站、綠色供應鏈研討大會、供應商及承攬商之年度稽核等。

廣達電腦與員工間，透過有系統性進行溝通，包含主管與同仁不定期進行溝通會議、「70885請您幫幫我」員工服務專線與員工留言板、「70695請您了解我」性騷擾申訴專線及信箱、附設駐廠醫療人員以提供員工醫療諮詢等服務、每年提供員工免費健康檢查及諮詢、廣達菁英學校提供以職能為基礎ELITE五大學門的培訓發展與回饋、員工滿意度調查、廣達集團季刊、眞善美雙月刊、製造城產線專職的知心小組，即時且貼近的意見蒐集與回饋等。

ISO 9001:2015_8.4條文要求

8.4.3 給予外部提供者的資訊

組織及外部提供者溝通前，應先確保要求事項之適切性。

組織應向外部提供者溝通下列要求事項。

(a) 待提供的過程、產品與服務。

(b) 下列之核准事宜。

　(1) 產品與服務。

　(2) 方法、過程及設備。

　(3) 產品與服務之放行（Release）。

(c) 人員之適任性，包括所需要的資格。

(d) 外部提供者及組織的互動。

(e) 組織對外部提供者績效所實施的管制及監督。

(f) 組織或其顧客預定在外部提供者場域執行的查證或確證活動。

外部提供者及組織的互動（列舉廣達電腦為例）

利害關係者	廣達電腦的主要責任	溝通管道及回應方式
供應商	1. 合法與公平交易 2. 了解環安衛注意事項與規範細節 3. 了解並提供廣達實行社會責任等相關協助	1. 簽署環保承諾書 2. 提供產品須通過認可第三方實驗室檢驗 3. 進料檢驗抽樣送廣達GP實驗室監測 4. 廣達環保網站（green.quantacn.com） 5. 廣達輔材環保網站 6. 綠色供應鏈研討大會 7. 供應商及承攬商之年度稽核
社區	1. 災害與事故的有效預防與支援 2. 持續推展知識分享與文化均富 3. 參與各項公益活動	1. 廣達文教基金會 2. 廣藝基金會 3. 各製造城愛心社 4. 地區意見專責溝通單位 5. 與主管機關維持良好互動並參與相關座談活動 6. 外部協會活動參與

知識補充站

個案研究——以台橡為例

有關外部提供服務管制方面，2017年台橡CSR報告書公開揭露，台橡公司高雄廠、南通實業、宇部、申華化學皆已獲得職業安全衛生管理系統（OHSAS 18001）認證，台橡高雄廠另外通過CNS 15506認證，南通廠區也導入安全生產標準化系統。為追求零災害及零傷害目標，聘請外部的專業顧問公司針對作業人員暴露狀況及作業環境實態、依法規石化工廠在製程上所使用的繁多各類化學品之項目及數量進行輔導。

在工安測試項目和規定事項上，也定期委由外部合格作業環境檢測機構實施作業環境測定。並落實事前預防勝於事後處理的觀念，注重對新進員工和工作相關員工的安全環保教育，如對職業危害和急救知識的訓練，緊急應變器材使用的訓練、衛生保健宣導等等。

Unit **8-12**
生產與服務供應(1)

　　從智能生產與服務供應的面向來說明，未來智能企業可透過科技化行動管理，聯盟結合智慧化供應鏈，逐步建構具效能化倉儲、具精實機聯網與即時透明智能現場、具生產與服務品質追溯性，追求開源節流合理化，公司營運績效管理透過智能化、企業資源規劃ERP、平衡計分卡BSC、文件化資訊等科技應用工具，可提升生產現場效率、訂單交付能力、庫存周轉率等智慧製造關鍵指標，加速企業邁向智慧精密製造科技里程碑。

　　生產與服務供應，應備妥及使用適合的監督與量測資源，確保用來證實產品品質的所有檢驗活動，量測與試驗設備等，均有充分的管制。於適當供應過程階段實施監督及量測活動，校驗與維護作業。以證明所生產的產品都能符合規定要求。日常管制、校正、維護保養所有過程用於驗證產品品質之檢驗量測設備，以確保產品品質、測試信度、效度及建立良好之量測、檢驗設備的完整資料，充分文件化管制。

ISO 9001:2015_8.5條文要求

8.5.1 管制生產與服務供應

　　組織應在管制條件下，實施生產與服務供應。

　　適用時，管制條件應包括如下。

　　(a) 備妥界定下列事項的文件化資訊。

　　　　(1) 期待生產產品的特性、待提供的服務或待實施的活動。

　　　　(2) 期待達成之結果。

　　(b) 備妥及使用適合的監督與量測資源。

　　(c) 於適當階段實施監督及量測活動，以查證已達成過程或產出之管制準則，以及產品與服務之允收準則。

　　(d) 使用適合於過程營運的基礎設施及環境。

　　(e) 指派適任人員，包括需要的資格。

　　(f) 如產出無法透過後續監督或量測予以查證時，確證及定期再確證過程達成生產與服務供應的能力。

　　(g) 實施預防人為錯誤的措施。

　　(h) 實施放行、交付及交付後活動。

8.5.2 鑑別及追溯性

　　如必需確保產品與服務之符合性時，組織應使用合適的方法鑑別產出。

　　在生產與服務的整個供應過程中，組織應根據監督及量測要求事項鑑別產出的狀態。當要求追溯性時，組織應管制產出之獨特鑑別性，並應保存必要的文件化資訊使能促成追溯性。

產品之識別與追溯性管理程序

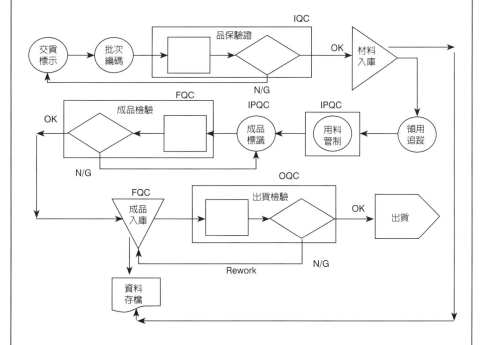

知識補充站

鑑別與追溯管制程序

目的：

使原物料、半成品或成品，避免規格混淆及製造過程中適切
　適宜對品質狀況進行追溯與鑑別管制。

　範圍：

　　自原料進廠、加工半成品至成品出廠的各階段均屬之。
　　凡公司所使用委外加工、外購零組件、成品之標示及有法
源規定要求之必要追溯產品均屬之。

定義：

鑑別與追溯：於適當時機從進料至成品完成所有階段，均運用適切的方
法，鑑別和追溯產品，確保產品與服務之符合性。

Unit 8-13
生產與服務供應(2)

　　企業確保自身產品與服務提供之符合性時，應使用合適的方法鑑別產出。促使原物料、半成品或成品，能避免規格混淆，及製造過程中對產品與服務品質狀況進行追溯與鑑別。確保所有產品於進料、暫存與生產、庫存及交貨等各階段中能藉由適當之智能標籤圖樣、規格或相關文件化加以識別。能確保產品之品質穩定價格合宜，如有客戶要求追溯時，公司能即時藉由生產日期或出貨日期，便於追蹤各產品生產履歷，對異常處理與客戶抱怨事項等情事，能廣度追溯管制，確保產品生產與服務提供，從設計、開發、製造、出貨之產品與服務過程管理的符合性。

　　企業應保存生產與服務供應期間之產出，至得以確保符合要求事項的程度。保存可包括鑑別、處理、污染管制、包裝、儲存、傳輸或運輸及保護。自原料進廠、半成品至成品出廠的各階段均需列入追溯管制。除廠內生產過程外，所使用委外加工、外購零組件、物品標示及有關規定要求之追溯產品均屬管制範圍。

ISO 9001:2015_8.5條文要求

8.5.3 屬於顧客或外部提供者之所有物

　　屬於顧客或外部提供者之所有物，處於組織管制下，或由組織使用時，組織應予以妥善保管。

　　組織應將提供給組織使用，或合併於產品與服務中，屬於顧客或外部提供者之所有物，予以鑑別、查證、保護及安全防護。

　　當顧客或外部提供者的所有物遺失、損壞或經發現不適合使用時，組織應將此情況通知顧客或外部提供者，並保存所發生情況之文件化資訊。

　　備註：顧客或外部提供者所有物可包括物料、組件、工具及設備、場所、智慧財產及個人資料。

8.5.4 保存

　　組織應保存生產與服務供應期間之產出，至得以確保符合要求事項的程度。

　　備註：保存可包括鑑別、處理、污染管制、包裝、儲存、傳輸或運輸及保護。

顧客財產

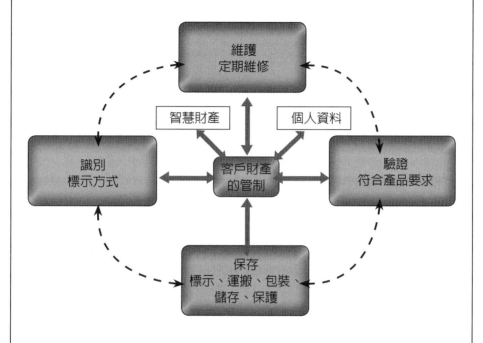

161

知識補充站

客供品管制程序

目的：

維護客戶或外部供應商提供的物品與財產之管制程序，防止
客戶供應品被不正確使用、遺失、損壞或不適用，能確保
產品品質，保障客戶權益及符合雙方品質管理系統所要
求。

範圍：

凡客戶或外部供應商所提供之財產，包括原物料、包材或模
具等均屬之。

定義：

客供品：非經本公司採購，而由客戶或外部供應商提供之原料、物料或包
材，指定交由本公司在組裝生產中使用者。

Unit 8-14
生產與服務供應(3)

　　個案研究，列舉2017年台糖公司永續發展報告書中揭露，台糖每季定期辦理品質管理會議或不定期召開有關產品品質會議，跨功能研討各項品管議題及相關改善措施。各事業部每年訂有「品質管理計畫」，其中就品質政策、品質目標、產品實現、生產管理、顧客服務等業務計畫作為各事業部執行品管之依據，每季檢討實績，並於年底提報品質計畫執行成果，總管理處並不定期抽查品管活動執行現況。

　　值得學習，台糖公司落實執行品管及食安之有關國際標準與法令法規之教育訓練，加強對ISO 9001品質管理系統稽核觀念，熟悉稽核重點、技巧與運用，藉由問題的發掘，改善系統運作上之缺失，以符合客戶要求及國際標準規範。

　　台糖產品皆符合當地法規與客戶要求相關規定，包含食品安全衛生管理法、健康食品管理法、藥事法、糧食管理法、有機農產品及有機農產加工品驗證管理辦法。除2016年台糖蜆精產品標示，涉違反食品安全衛生管理法遭處分及高雄區處所生產之有機番石榴不符「農產品生產及驗證管理法」規定外，並無違反產品及服務資訊和標示、市場溝通及自願性規範的事件被禁止或有爭議的產品銷售。

　　另外，行政院曾頒行「全面提升服務品質方案」，透過「行政院服務品質獎」相互競賽、標竿學習之機制，樹立大量政府機關服務典範。全面提升服務品質方案強調全方位服務的「創新」與「精進」，期許國內各機關在前一階段品質提升之堅實基礎上，導入更友善資訊流通運用，深化創新整合服務之積極作為，再次體現政府公共服務品質全面躍升。為落實提升服務品質，台糖公司不落人後將其列為重要推動業務，2016年度中彰區處代表參加行政院第九屆政府服務品質獎，透過優質便民服務、資訊網路服務及創新加值服務等構面，建構為民服務的基石，落實提升為民服務品質。

ISO 9001:2015_8.5條文要求

8.5.5 交付後活動
組織應符合產品與服務所關連的交付後活動要求事項。
在決定所要求的交付後活動範圍時，組織應考慮下列事項。
(a) 法令及法規要求事項。
(b) 與其產品與服務有關連，潛在而不期望的後果。
(c) 其產品與服務之本質、使用及預定使用期限。
(d) 顧客要求事項。
(e) 顧客回饋。
備註：交付後活動可包括保證條款下之各項措施、例：維修服務等契約義務，以及如回收再利用或最終處置等附加服務。

8.5.6 變更之管制
組織應審查及管制生產與服務供應的變更，至必要程度，以確保持續符合要求事項。組織應保存審查變更結果的敘述、核准變更之人員，及因審查而產生的必要措施之文件化資訊。

生產與服務供應之交付後活動

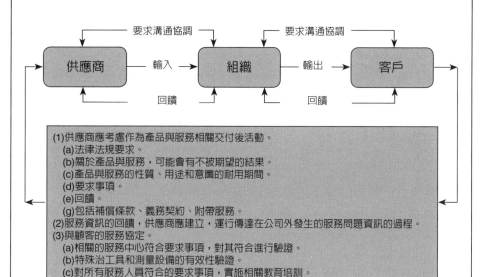

(1)供應商應考慮作為產品與服務相關交付後活動。
  (a)法律法規要求。
  (b)關於產品與服務，可能會有不被期望的結果。
  (c)產品和服務的性質、用途和意圖的耐用期間。
  (d)要求事項。
  (e)回饋。
  (g)包括補償條款、義務契約、附帶服務。
(2)服務資訊的回饋，供應商應建立，運行傳達在公司外發生的服務問題資訊的過程。
(3)與顧客的服務協定。
  (a)相關的服務中心符合要求事項，對其符合進行驗證。
  (b)特殊治工具和測量設備的有效性驗證。
  (c)對所有服務人員符合的要求事項，實施相關教育培訓。

顧客要求

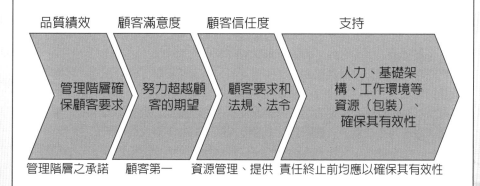

Unit **8-15**
產品與服務之放行

　　個案研究列舉2017年台糖公司永續發展報告書中揭露，其永續發展管理架構，依據「台灣糖業股份有限公司企業永續發展委員會組織規程」成立「台灣糖業股份有限公司企業永續發展委員會」，由董事長擔任指導委員，總經理擔任主任委員，由企劃處業務督導副總經理兼任副主任委員，另由各副總經理、各處室、各事業部、各區處、研究所及高雄分公司主管擔任委員，因業務需要設立「公司治理小組」、「環境永續小組」、「節能小組」、「社會及員工關懷小組」，由主任委員指派業務相關之副總經理兼任工作小組召集人。企業永續發展委員會原則每1季召開會議1次，2016年共計召開2次會議。各主管單位，應就委員會決議及交付事項，據以執行。有關營運活動所產生之經濟、環境及社會議題，由董事會授權高階管理階層處理，必要時向董事會報告處理情形，對於董事會決議，依公司「董事會議事運作管理要點」，每月提出上一月分董事會決議追蹤報告，如未能結案者，公司按季追蹤提報董事會。2016永續發展報告書提第31屆第21次（2016年6月）董事會決議通過。

　　值得學習，台糖雖非上市上櫃公司，但為符合公司治理之精神，除應遵守法令及章程之規定外，訂定「台灣糖業股份有限公司公司治理實務守則」，以資遵循。又訂定「企業永續發展實務守則」，希冀守則能作為長期推動企業永續發展的指導原則，積極落實企業願景與核心價值，經企業永續發展委員會2016年第2次會議通過新增第27-1條，並提報第32屆第3次董事會（2016年12月）決議通過後，發布於公司網站企業永續發展專頁。

　　提升創新研發的重要性與意義，研究發展是企業永續經營的命脈，台糖研究發展工作與方向，與事業計畫及發展策略密切結合，使研究成果能在轉型經營中落實生根成長，並規劃引領研究方向，開拓新產業領域。

　　其保存有關放行產品與服務之文件化資訊，其責任與制度充分授權內部制度與專業人員，舉凡研究發展委員會組織規程、智慧財產權管理要點、研究計畫管理作業要點、技術移轉暨授權管理要點、研發紀錄及文件管理要點、實驗室安全暨使用管理要點、溫室管理作業要點、台灣智慧財產管理規範（TIPS）等文件化資訊。

ISO 9001:2015_8.6條文要求

8.6 產品與服務之放行 　　組織應在各適當階段實施所規劃有關放行之安排，查證產品與服務已符合要求事項。圓滿完成所規劃有關放行的安排後，方可將產品與服務放行給顧客；除非另獲得直接相關權責機構核准者，及適用時，獲得顧客核准。 　　組織應保存有關放行產品與服務之文件化資訊。其文件化資訊應包括以下二者。 (a) 符合允收準則之證據。 (b) 可追溯至授權放行之人員。

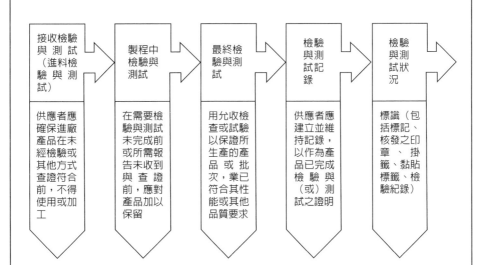

檢驗與測試

接收檢驗與測試（進料檢驗與測試）	製程中檢驗與測試	最終檢驗與測試	檢驗與測試記錄	檢驗與測試狀況
供應者應確保進廠產品在未經檢驗或其他方式查證符合前，不得使用或加工	在需要檢驗與測試未完成前或所需報告未收到與查證前，應對產品加以保留	用允收檢查或試驗以保證所生產的產品或批次，業已符合其性能或其他品質要求	供應者應建立並維持記錄，以作為產品已完成檢驗與（或）測試之證明	標識（包括標記、核發之印章、掛籤、黏貼標籤、檢驗紀錄）

認證機構

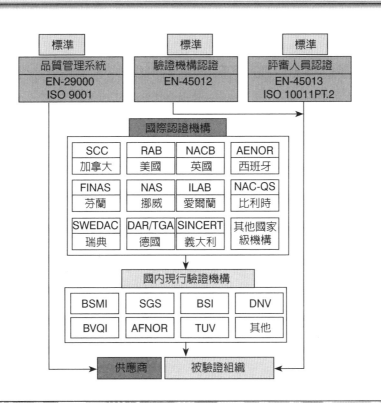

標準	標準	標準
品質管理系統	驗證機構認證	評審人員認證
EN-29000 ISO 9001	EN-45012	EN-45013 ISO 10011PT.2

國際認證機構

SCC 加拿大	RAB 美國	NACB 英國	AENOR 西班牙
FINAS 芬蘭	NAS 挪威	ILAB 愛爾蘭	NAC-QS 比利時
SWEDAC 瑞典	DAR/TGA 德國	SINCERT 義大利	其他國家級機構

國內現行驗證機構

BSMI	SGS	BSI	DNV
BVQI	AFNOR	TUV	其他

供應商	被驗證組織

Unit **8-16**
不符合產出之管制

　　不符合產出之管制，在企業產品與服務過程中，對發現不良品及對疑似不良品交付時，能確實回報並迅速地加以管制處置，以確保杜絕不合格品流入下一工程中，不合格品必要採取隔離、或經矯正加工與品質驗證，具體達符合性使用至交貨。一般所有不合格品及未經確認之產品，包含客戶所提供物料、製程中發現不良之半成品或成品皆屬管制範圍。

　　一般不良品管制分級處置，大致分三類：(1)特採品其原因不致影響產品品質時，且投產、出貨時間急迫所採取的適當因應措施。(2)重工處置，將不良品重新加工而能使其符合規格要求的允收標準。(3)判定不合格品，即在標準範圍外，不符合規格之產品。如發現不良品，除標貼不合格標籤外，並將不良品搬移至「不良品區」加以區隔隔離措施，以免混淆。並填寫「不合格報告單」，依情況做重工、報廢或退貨處理。如因生產急需，且不良原因不影響產品性能時，可由相關單位提出「特採報告單」經主管核准後特別採用，但必須特別註明。重工品由相關部門主管審核後送回生產重新加工。判定為報廢品，則由相關部門填寫「報廢申請單」送往報廢區。退貨品則由採購人員填寫「退料單」退回供應商要求改善更換新品，或複案另尋評鑑其他合格供應商進行採購作業。

　　個案研究列舉2017年台糖公司永續發展報告書中揭露，衝擊與風險評估中，原料採購發生原料品質不良、不符使用需求或違反食品法規，影響產品品質與商品信譽，分別評估因產品品質瑕疵或顧客服務不佳等因素，是否影響公司之形象及商譽，食品中存在有害物質如食品添加劑、農藥殘留、重金屬等，將對人體健康產生負面的影響程度，經評估2016年並無相關風險事件發生，故維持現有防護措施。

ISO 9001:2015_8.7條文要求

8.7.1 組織應確保不符合要求事項的產出予以鑑別及管制，以防止其不預期的使用或交付。組織應依據其不符合的性質及其對產品與服務符合性的影響，採取適當措施。此亦應用於產品交付後，或提供服務的當時或其後才發現的不符合之產品或服務。

組織應以下列的一項或數項方式，處理不符合的產出。

(a) 改正（Correction）。

(b) 隔離、管制、退回或暫時中止產品與服務之供應。

(c) 告知顧客。

(d) 取得特許（Concession）允收之授權。

不符合的產出矯正後，應對其要求事項之符合性予以查證。

8.7.2 組織應保存下列文件化資訊。

(a) 不符合之敘述。

(b) 所採措施之敘述。

(c) 若有，其所取得特許之敘述。

(d) 鑑別對不符合決定處理措施之權責。

不符合產出之管制

計畫

組織如何處理不合格的產品／服務？
組織如何在內部分析不合格的產品／服務以及由此帶來哪些改進？
組織為各種類型的不合格定義了哪些類別／等級，以及如何解決這些類別／等級？
組織如何考慮在測試計畫中進行重加工？

處理

重加工以符合規定要求
不論修理或不修理，以特採方式允收
重新分級另作其他用途
拒收或報廢

證據

控制不合格的證據
隔離存儲區域用於防止部件、標籤
故障報告，不合格品
對客戶特別發布
與客戶協調
不合格產出／產品的程序／過程描述控制
重工計畫
標籤說明

不符合產出之管制

知識補充站

不合格管制程序作業內容

1.進料、製程、成品之檢驗依照「進料檢驗管制程序」、「製程檢驗管制程序」、「成品檢驗管制程序」作業。

2.如發現不合格品，除標貼不合格標籤外，並將不良品搬移至「不良品區」加以區隔隔離措施，以免混淆。並填寫「不合格報告單」，依情況做重工、報廢或退貨處理。

3.如因生產急需，且不良原因不影響產品性能時，可由相關單位提出「特採報告單」經主管核准後特別採用，但必須特別註明。

4.重工品由相關部門主管審核後送回生產重新加工。

5.判定為報廢品，則由相關部門填寫「報廢申請單」送往報廢區。

6.退貨品則由採購人員填寫「退料單」退回供應商要求改善更換新品，或複案另尋評鑑合格供應商。

個案討論

2018年10月21日16時50分在台鐵宜蘭線新馬車站附近發生了普悠瑪號列車脫軌重大事故。

臺鐵6432次普悠瑪於新馬站出軌事故，造成全車共有18人死亡，215人輕重傷，133人未受傷，是自2013年投入營運以來第一起造成乘客死亡的事故，也是臺灣鐵路自1991年以來最嚴重的鐵路事故。

從本章營運面向，對應
(1) 條文8.6 產品與服務之放行
(2) 條文8.7 不符合產出之管制

分組討論如何提升產品與服務品質？

章節作業

以臺鐵出軌事件，依相關程序文件進行查檢，請分組完成一份內部稽核查檢表。

年　　月　　日　　　內部稽核查檢表

ISO 9001:2015 條文要求						
相關單位						
相關文件						

項次	要求內容	查檢之 相關表單	是	否	證據 （現況符合性 與不一致性描述）	設計變更或 異動單編號
1						
2						
3						
4						
5						
6						
7						
8						
9						
10						

管理代表：　　　　　稽核員：
A版

第 **9** 章

績效評估

章節體系架構 ▼

監督、量測、分析及評估(1)

　　企業為檢視品質政策、目標、服務標的及可行之管理方案、法令規範及日常管理要求之執行情形，應建立與維持之監督量測分析紀錄，以作為追蹤審查之依據及評估品質管理系統之實施成效，作為績效評估之依據，追求永續經營與持續改善之目標。

　　依其產業特性之不同，各業態可自行評估制定適用之自主管理模式及有效之監督量測分析計畫，確保製造業者在生產、製造、儲存、銷售與運輸各項環節均能善盡品質管理之責，符合顧客與相關法規之要求。

　　以國內食品製造業為例，條列相關法令規範如下參考：
1. 食品安全衛生管理法
2. 食品安全衛生管理法施行細則
3. 應訂定食品安全監測計畫與應辦理檢驗之食品業者、最低檢驗週期及其他相關事項
4. 食品良好衛生規範準則
5. 食品安全管制系統準則
6. 食品業者登錄辦法
7. 食品及其相關產品追溯追蹤系統管理辦法
8. 食品工廠建築及設備設廠標準
9. 食品製造工廠衛生管理人員設置辦法
10. 食品業者專門職業或技術證照人員設置及管理辦法
11. 食品及其相關產品回收銷毀處理辦法
12. 中央衛生主管機關公告各類衛生標準及限量標準

　　上述相關法規、命令或公告事項，可查詢食品藥物管理署網站（http://www.fda.gov.tw/TC/index.aspx）公告。

ISO 9001:2015_9.1條文要求

> 9.1 監督、量測、分析及評估
>
> 9.1.1 一般要求
>
> 　　組織應決定下列事項。
>
> 　　(a) 有需要監督及量測的對象。
>
> 　　(b) 為確保得到正確結果，所需要的監督、量測、分析及評估方法。
>
> 　　(c) 實施監督及量測的時機。
>
> 　　(d) 監督及量測結果所應加以分析及評估的時機。
>
> 　　組織應評估品質管理系統的績效及有效性。
>
> 　　組織應保存適當的文件化資訊，以作為結果的證據。

監督、量測、分析及評估流程

3W/M/R/E	說明	要求
WHAT	需要監督與量測，包含風險過程與管制	文件化資訊證據
When	監督與量測應何時執行	文件化資訊證據
Who	由誰監督與量測	文件化資訊證據
Method	分析與評估的方法，以確保有效的結果	文件化資訊證據
Result	結果應何時分析與評估	文件化資訊證據
Evaluation	誰分析與評估這些結果	文件化資訊證據

文件化資訊證據

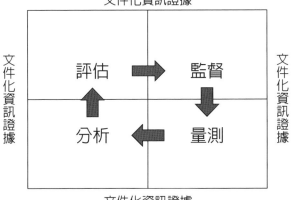

文件化資訊證據

最終檢驗系統流程Final V/M Inspection Management

以成品檢驗作業流程為例，考量包含輸入、輸出、依循哪些方法、程序指導書，如何做、藉由哪些材料設備去完成、藉由哪些專業人員能力技巧去完成、衡量評估完成哪些重要指標。

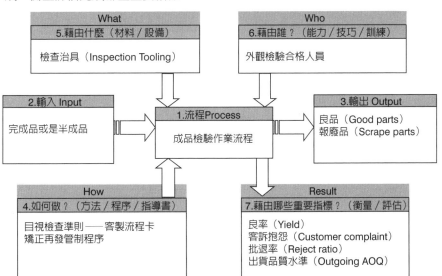

Unit **9-2**
監督、量測、分析及評估(2)

顧客滿意度

企業制訂顧客滿意度程序文件,為確保公司之產品與服務品質,包括人員服務、投入產出週期、交期與產品品質,須即時了解客戶感受之滿意程序,以作為訂定短中長期改善措施之依據。

個案研究,以聖暉工程科技公司為例,高階管理者曾表示,聖暉致力成為一個優質空間的塑造者,在工程服務的品質上正是最重要的關鍵環節。國際標準驗證方面,公司通過ISO 9001品質管理系統、ISO 14001環境管理系統、OHSAS 18001職業安全衛生管理系統,公司團隊本於科技服務初衷,致力落實相關管理系統,追求卓越。

永續工程服務之研發創新分析評估,系統整合工程的技術與研發與一般產業研發實體產出不同,是將工法及材料設備重組後提高其運用效能,且依據業主產業特性個別需求,量身訂做,整合建築、機電、空調、消防、儀控、配管線及工程管理等各類不同領域之專業知識,建造符合客戶生產需求之作業系統與環境。聖暉不斷的創新研發新技術來追求永續發展,透過長期培育技術精湛及經驗豐富的工程團隊,滿足客戶製程的需求與降低成本,在技術研發過程中,整合供應鏈廠商積極創新技術,共同支持經濟發展和增進人類福祉。此外,聖暉與產學研究機構(台北科技大學、勤益科技大學等)投入技術之研發合作,以期更加了解工程產業專業技術。(http://www.acter.com.tw/index.php/zh-tw/environmental-protection/2018-07-09-02-53-57)

聖暉團隊對品質的堅持,以提供客戶最高品質的工程技術整合服務為宗旨,唯有品質保證與安全百分百才能建構符合客戶需求之優質空間,協助客戶取得市場先機,強化競爭力。聖暉於國際標準驗證,2017年通過ISO 9001:2015,透過訂定明確的品質政策與目標及制定相關的作業指導文件與管理手冊,秉持作業流程標準化、制度化的精神,接受全面性的檢視與整合。藉由多年的工程專案經驗累積,持續改善品質管理作業的相關要求,使之符合最新之品質、安全衛生及環境相關法規要求。

品質是每一個員工的責任,也是執行工作與服務的基本原則。為了提升工作品質與效率,聖暉公司全面推行「落實作業標準書」與「改善提案活動」,並將「品質管理能力」及「客戶滿意」列入績效評核指標,期望藉由公開表揚或提供獎金等激勵方式,鼓勵同仁精益求精,提升同仁解決問題與創新的能力,以維持公司競爭優勢並達到客戶滿意的雙贏目標。

ISO 9001:2015_9.1條文要求

> 9.1.2 顧客滿意度
>
> 組織應監督顧客對需求及期望滿足程度的感受。組織應對取得、監督及審查此資訊之方法有所決定。
>
> 備註:監督顧客感受之範例,可包括顧客調查、顧客對交付產品與服務之回饋、與顧客面談、市占率分析、讚揚、依據保證書所提出的要求及經銷商報告等。

客戶滿意度取得資料來源

客戶最關心的就是效果（Effectiveness）與有效率（Efficiency），效果是目標達成的程度，效率是將投入轉化為產出並交付客戶之流程中所使用的資源數量，而衡量效果與效率之最重要的三個項目就是成本、時間與品質。

1	調查對象	重要客戶關鍵品質
2	調查頻率	每季、半年、一年
3	調查方式	語音、網路、問卷、LINE@
4	滿意度的展現	圖、表、數值

+

1	客戶滿意度調查取得資料來源
2	交連產品品質之客戶回饋資料來源
3	使用者意見調查取得資料來源
4	業務流失分析取得資料來源
5	客戶讚美取得資料來源
6	保固要求取得資料來源
7	經銷商報告取得資料來源
8	產業的研究報告
9	各式媒體上的報告
10	來自消費者組織或團體的報告
11	與顧客直接溝通或顧客主動提出討論
12	顧客抱怨

= 顧客滿意度

品質機能展開（Quality Function Deployment）

1.產品規劃
客戶的意願轉移到產品上
評估競爭對手的產品
識別重要的屬性

　　工程特性
　　客戶的需求
　　品質屋

2.產品設計
選擇最佳設計來實現目標
識別關鍵零件和組件
如果需要進一步研發

　　零件特徵
　　工程特性
　　零件展開

3.流程設計
確定了關鍵參數
過程控制／改進方法集

　　關鍵流程操作
　　零件特徵
　　流程規劃

4.生產設計
設計生產說明
定義要使用的測量
頻率和工具

　　生產要求
　　關鍵流程操作
　　計劃生產

系統化的方式，將客戶需求轉化為產品功能規格、製程參數的一種方法，過程包含品質屋、關係矩陣、競爭產品評比、量化設計目標、目標排序等

VOC（Voice Of Customer）先傾聽顧客聲音（如意見表），再增強顧客滿意度；VOE（Voice of engineering）如何將工程及設計部門提供相關技術特性，滿足顧客需求。

Unit **9-3**
監督、量測、分析及評估(3)

　　企業日常監督量測分析評估，一般會訂定品質監測計畫，首要之務會由最高管理階層成立品質提升決策小組或類似性質之任務編組如品管圈、改善圈。

　　所謂「最高管理階層」為參考ISO所敘之「最高階層指揮和控制組織的一個人或一組人」，並由最高管理階層或其指定之管理人為小組負責人，小組成員應明確訂定定期會議之頻率及討論事項，定期召開品質管理會議，其任務應為品質監測計畫之訂定、研析、增修、執行以及專案推動等工作，並留存相關會議紀錄與專案分析評估報告。

　　顧客滿意度分析評估，值得產業學習，聖暉為追求顧客滿意，提升顧客價值，致力提供「永續工程整合服務」，以創造最佳的客戶服務經驗，並贏得客戶信任。除了平日與客戶溝通互動之外，每年依據「顧客滿意度與持續改善作業程序」定期進行二次的客戶滿意度調查，由總經理擔任最高主管，跨部門共同完成該項調查。針對客訴問題或整體評價分數未達標準者，進行分析檢討並提出處理方案、改善對策與預防方法，持續追蹤改善情形，以期達到顧客的需求與期望。

　　滿意度調查問卷包含五大構面：專業技能、工程品質／進度、環境／安全衛生管理、配合度／溝通協調、行政處理，總分為100分。2017年度聖暉工程客戶滿意度分數，工程部平均為88分，維修部平均為96分，整體平均分數為90分。

（http://www.acter.com.tw/index.php/zh-tw/company-profile）

ISO 9001:2015_9.1條文要求

> 9.1.3 分析及評估
> 　　組織應分析及評估由監督及量測所取得之適切資料與資訊。
> 　　分析結果應用以評估下列事項。
> 　　(a) 產品與服務之符合性。
> 　　(b) 顧客滿意程度。
> 　　(c) 品質管理系統之績效及有效性。
> 　　(d) 規劃已有效實施。
> 　　(e) 處理風險及機會措施之有效性。
> 　　(f) 外部提供者之績效。
> 　　(g) 對品質管理系統進行改進的需要。
> 　備註：資料分析的方法亦可包括統計技術。

企業文化

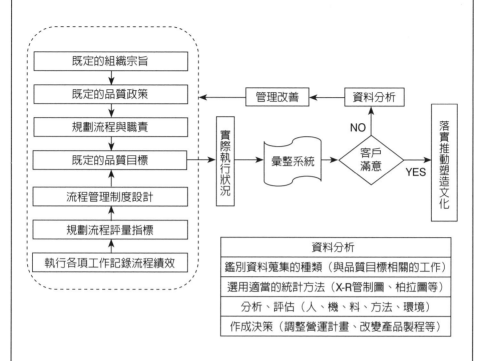

資料分析
鑑別資料蒐集的種類（與品質目標相關的工作）
選用適當的統計方法（X-R管制圖、柏拉圖等）
分析、評估（人、機、料、方法、環境）
作成決策（調整營運計畫、改變產品製程等）

統計技術

需求之鑑定	程序
為建立、管制及查證製程能力與產品特性，供應者應鑑定所需之統計技術，可用之統計技術有： 1. 管制圖表 2. 要因分析 3. 變異數分析 4. 迴歸分析 5. 風險分析 6. 顯著性檢驗	供應者應建立並維持書面程序，以執行與管制所鑑定出之統計技術的應用。其應用場合包括： 1. 生產後的階段 2. 市場分析 3. 產品設計 4. 可靠度規格、壽命及耐用性預測 5. 製程管制與能力研究 6. 品質水準及檢驗計畫之決定 7. 數據分析、性能評鑑與缺點分析

Unit **9-4**
內部稽核

　　如何落實標準化，即企業文化中，全體上下員工能充分內化落實日常說寫做一致的有效性與符合性，追求全員品質管理TQM。公司內部稽核（Internal audit）作業，大致可分為充分性稽核與符合性稽核。

　　大多公司為落實國際標準管理系統之運作，宣達各部門能確實而有效率之執行，以達成ISO管理系統之要求，並能於營運過程執行中發現品質異常，能即時督導矯正以落實管理系統適切運作。內部稽核作業，可分三大步驟，說明如下：

步驟一、稽核計畫之擬定
1. 由管理代表每年十二月前提出「年度稽核計畫表」，每年定期舉行內部品質稽核，由總經理核定後實施。
2. 稽核人員資格需由合格之稽核人員擔任之，以對全公司各部門實施品質系統稽核。
3. 不定期稽核得視需要由管理代表隨時提出，如發生品質異常，視情節可臨時提出後實施。

步驟二、稽核執行
1. 稽核人員於稽核前依ISO 9001標準、品質手冊、程序書與作業辦法等進行要求事項稽核，並將稽核填於「稽核查檢表」中，受稽單位主管將稽核不符合原因及矯正措施填寫於「稽核缺失報告表」中。
2. 稽核範圍不得稽核自己所承辦之相關業務，參照「受稽核單位與稽核程序書對照表」執行。

步驟三、稽核後之追蹤複查。

ISO 9001:2015_9.2條文要求

9.2.1 組織應在規劃的期間執行內部稽核，以提供品質管理系統達成下列事項之資訊。
　　(a) 符合下列事項。
　　　(1) 組織對其品質管理系統的要求事項。
　　　(2) 本標準要求事項。
　　(b) 品質管理系統已有效地實施及維持。
9.2.2 組織應進行下列事項。
　　(a) 規劃、建立、實施及維持稽核方案，其中包括頻率、方法、責任、規劃要求事項及報告，此稽核方案應將有關過程之重要性、對組織有影響的變更，及先前稽核之結果納入考量。
　　(b) 界定每一稽核之稽核準則（Audit criteria）及範圍。
　　(c) 遴選稽核員並執行稽核，以確保稽核過程之客觀性及公正性。
　　(d) 確保稽核結果已通報給直接相關管理階層。
　　(e) 不延誤地採取適當的改正及矯正措施。
　　(f) 保存文件化資訊以作為實施稽核方案及稽核結果之證據。
　　備註：參照CNS 14809指引。

稽核的類別

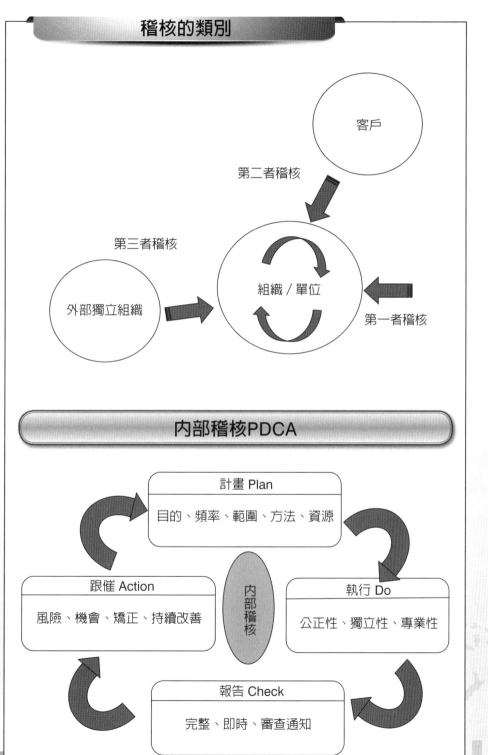

客戶

第二者稽核

第三者稽核

外部獨立組織

組織／單位

第一者稽核

內部稽核PDCA

計畫 Plan
目的、頻率、範圍、方法、資源

跟催 Action
風險、機會、矯正、持續改善

內部稽核

執行 Do
公正性、獨立性、專業性

報告 Check
完整、即時、審查通知

Unit **9-5**
管理階層審查(1)

　　管理審查程序為維持公司的品質系統制度，以審查組織內外部品質管理系統活動，以確保持續的適切性、充裕性與有效性，即時因應風險與掌握機會，達到品質改善之目的並與組織策略方向一致。

　　管理審查程序與執行權責，一般建議由總經理室進行統籌與分工，由總經理主持管理審查會議，並擬定品質目標與品質政策。由管理代表召集管理審查會議報告檢討有關的品質活動及成效，並執行了解有關組織背景、規劃品質目標與風險機會因應、有效系統性監督量測分析評估專案報告。

　　適當的管理代表由總經理室專案經理擔任，符合法規適任性要求及確保推動品質管理系統，能確實依ISO 9001國際標準要求建立、實施，並維持正常之運作。

ISO 9001:2015_9.3條文要求

> 9.3.1　一般要求
> 　　最高管理階層應在所規劃之期間審查組織的品質管理系統，以確保其持續的適合性、充裕性、有效性，並與組織的策略方向一致。
>
> 9.3.2　管理階層審查之投入
> 　　管理階層審查的規劃及執行應將下列事項納入考量。
> 　　(a) 先前管理階層審查後，所採取的各項措施之現況。
> 　　(b) 與品質管理系統直接相關的外部及內部議題之改變。
> 　　(c) 品質管理系統績效及有效性的資訊，包括下列趨勢。
> 　　　　(1) 顧客滿意及來自於直接相關利害關係者之回饋。
> 　　　　(2) 品質目標符合程度。
> 　　　　(3) 過程績效及產品與服務之符合性。
> 　　　　(4) 不符合事項及矯正措施。
> 　　　　(5) 監督及量測結果。
> 　　　　(6) 稽核結果。
> 　　　　(7) 外部提供者之績效。
> 　　(d) 資源之充裕性。
> 　　(e) 處理風險及機會所採取措施之有效性（參照條文6.1）。
> 　　(f) 改進之機會。

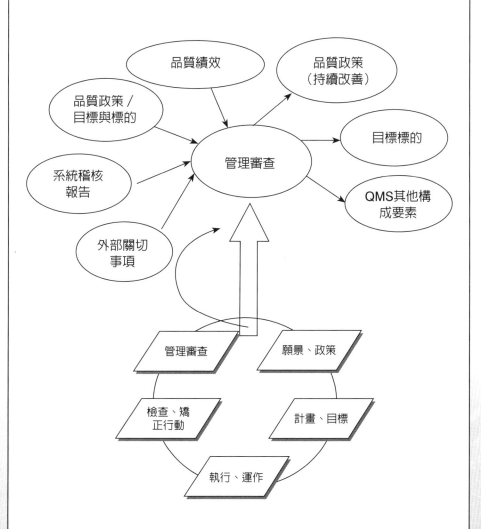

Unit 9-6
管理階層審查(2)

　　管理審查程序中，管理代表的首要任務是傾聽與溝通。建立良性內部溝通機制非常重要，公司為確保建立適當溝通過程，原則上不定期視需要召開員工會議做好溝通，員工平時如有意見（表）則可隨時透過相關管道反映或建言，做好內部溝通，必要時可借重智能科技工具來輔助。

　　管理審查作業，經由管理審查會議，進行定期檢討品質系統績效的適切性與有效性。一般性管理審查會議，原則上每年定期至少召開一次，管理代表得視需要，召開臨時不定期審查會議。會議審查內容列舉如下參考：

1. 顧客滿意度與直接相關利害相關者之回饋。
2. 品質目標符合程度並審視上次審查會議決議案執行結果。
3. 組織過程績效與產品服務的符合性。
4. 客戶抱怨、不符合事項及相關矯正再發措施。
5. 服務過程、產品之監督及量測結果（如法規、車輛審驗）。
6. 內外部品質稽核結果，影響品質管理系統的變更。
7. 外部提供者之績效，如客供品、向監管機構的報告。
8. 處理風險及機會所採取措施之有效性。
9. 改進之機會，新法規要求。
10. 其他議題（知識分享、提案改善）。

　　管理審查會議，一般參加會議必要人員，總經理為管理審查會議之當然主席。管理代表為會議之召集人。各部門主管，幹部及指派職務代理人員為出席會議之成員。產品與服務過程中，遇有重大品質議題，必要時可邀請關鍵利害關係人、客戶或供應商與會研議。

ISO 9001:2015_9.3條文要求

9.3.3 管理階層審查之產出 　　管理階層審查之產出應包括如下之決定及措施。 　　(a) 改進機會。 　　(b) 若有需要，改變品質管理系統。 　　(c) 所需資源。 　　組織應保存文件化資訊，作為管理階層審查結果之證據。

管理審查

1. 稽核結果
2. 客戶回饋
3. 流程績效及產品符合性
4. 矯正措施的狀態
5. 前次管理審查的跟催行動
6. 可能影響品質管理系統規劃的改變
7. 改善建議

規劃的期間，審查組織品質管理系統，以確保其持續適切性、適用性及有效性

管理審查

評鑑改善的機會及品質管理系統變更的必要性，包含品質政策及品質目標

1. 品質管理系統及其流程有效性的改善
2. 與客戶需求相關之產品的改善
3. 需求的資源

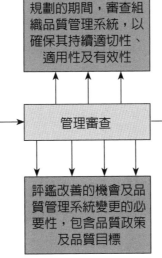

知識補充站

列舉產業鏈環境分析工具

1. PEST分析是利用環境掃描分析總體環境中的政治（Political）、經濟（Economic）、社會（Social）與科技（Technological）等四種因素的一種模型。市場研究時，外部分析的一部分，給予公司一個針對總體環境中不同因素的概述。運用此策略工具也能有效的了解市場的成長或衰退、企業所處的情況、潛力與營運方向。

2. 五力分析是定義出一個市場吸引力高低程度。客觀評估來自買方的議價能力、來自供應商的議價能力、來自潛在進入者的威脅和來自替代品的威脅，共同組合而創造出影響公司的競爭力。

3. SWOT強弱危機分析是一種企業競爭態勢分析方法，是市場行銷的基礎分析方法，通過評價企業的優勢（Strengths）、劣勢（Weaknesses）、競爭市場上的機會（Opportunities）和威脅（Threats），用以在制定企業的發展戰略前，對企業進行深入全面的分析以及競爭優勢的定位。

4. 風險管理（Risk management）是一個管理過程，包括對風險的定義、鑑別評估和發展因應風險的策略。目的是將可避免的風險、成本及損失極小化。風險管理精進，經鑑別排定優先次序，依序優先處理引發最大損失及發生機率最高的事件，其次再處理風險相對較低的事件。

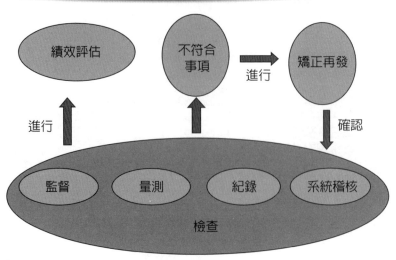

檢查項目：
監督與量測之權責、檢測之範圍（地點）、檢測之項目、會對組織產生重大衝擊的作業或活動之主要特性是否監督與量測、檢測之頻率、檢測報告、作業管制之查檢表、專案執行成效之監督、法定之申報作業、校正紀錄、法規定期查核報告。

品質的兩個構面

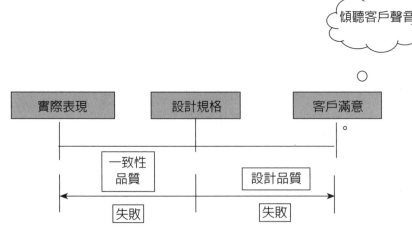

顧客：對於組織所提供的產品或服務有需要（Needs）、想要（Wants）與要求（Demands），願意以金錢、財貨或提供勞務去交換者。
顧客需求（Customer Requirements）：顧客的需要、想要與要求。
顧客的聲音（Voice of Customer, VOC）：顧客對其需求的表達。

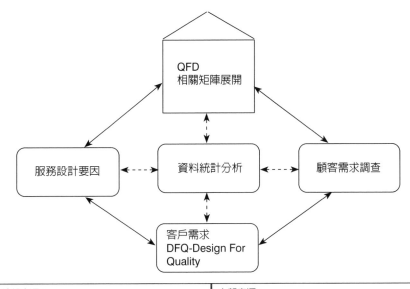

外部來源： VOC（Voice of Customer，客戶期望與需求） VOM（Voice of Market，市場現狀與趨勢）	內部來源： VOP（Voice of Process，內部流程的檢討） VOE（Voice of Employees，員工的聲音、意見）

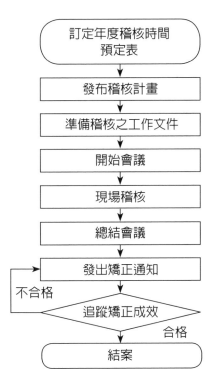

個案討論

一般管理審查程序書，其目的是爲維持公司的品質管理系統制度，以審查組織內外部品質管理系統活動，以確保持續改善活動的適切性、充裕性與有效性，即時因應風險與掌握機會，達到品質改善之目的並與組織策略方向一致。

選定一個案，請檢視個案之管理審查程序或流程之優缺點說明。

章節作業

選一個案管理審查程序文件進行查核，請分組完成一份內部稽核查檢表。

年　　月　　日　　　內部稽核查檢表

ISO 9001:2015 條文要求							
相關單位							
相關文件							

項次	要求內容	查檢之 相關表單	是	否	證據 （現況符合性 與不一致性描述）	設計變更或 異動單編號
1						
2						
3						
4						
5						
6						
7						
8						

管理代表：　　　　　稽核員：

A版

第 10 章

改進

●●●●●●●●●●●●●●●●●●●●●●● 章節體系架構 ▼

Unit 10-1 一般要求

選擇流程改進機會並實施必要措施，激勵內化員工對流程管理與品質提升等問題，提出自己創造性的方法去改善。經由公司提案流程及審查基準加以評定。並對被採用者予以表揚的制度。透過提案改善活動過程，尋求創造機會與積極消除危機事件發生，維持適合、充分及有效持續改進提案活動。

符合顧客要求事項並增進顧客滿意度，為使全體員工具有品質提升與意識、問題解決意識及改善意識，以減少不良品並提高品質水準，持續改善確保產品品質，降低成本、達到客戶全面滿意與公司永續經營之目標。

將改進活動潛移默化至企業文化之基石，改善精進措施可學習豐田式生產管理，運用團隊成員本質學能於生產製造中消除浪費與有限資源最佳化的精神，發揚至內部流程管理的所有作業活動。團結圈活動，由工作性質相同或有相關聯的人員，共同組成一個圈，本著自動自發的精神，運用各種改善手法，啟發個人潛能，透過團隊力量，結合群體智慧，群策群力，持續性從事各種問題的改善活動，而能使每一成員有參與感、滿足感、成就感，並體認到工作的意義與目的。

一般創新提案改善流程：(1)提案發想階段，可自組跨部門團隊，激發創新提案構想，有利工作效能提升，可包括新產品的開發、向他部門的提案建議、有關工作場所之作業、安全、環境及品質提升、治工具專利等。(2)提案作業階段，每季檢附創新提案表向總經理室提出申請，收件完成後安排初審作業，複審作業則視提案件數每半年審查一次。(3)審查階段，審查分為初審與複審方式評選。初審委員由部門主管擔任，評比提案評分表，複審由總經理室，依提案改善之量化效益評估可行性進行審查。初審與複審作業，至少安排提案人員口述或簡報方式依提案內容向審查委員進行提案構想說明。(4)核定作業階段，可採發放獎金或記功獎賞方式，改善提案所需經費由公司全力支援，經提案推動提案成果視效益金額，發放獎勵金於季獎金或年終獎金進行激勵。

ISO 9001:2015_10.1條文要求

10.1 一般要求

組織應決定與選擇改進機會並實施必要措施，以達成顧客要求事項並增進顧客滿意度。

此等措施應包括下列事項。

(a) 改進產品與服務以符合要求事項，以及面對未來的需要及期望。

(b) 矯正、預防或降低不符合之效應。

(c) 改進品質管理系統之績效及有效性。

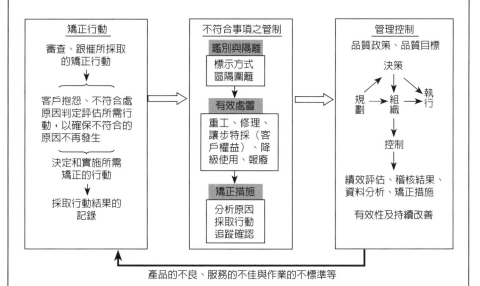

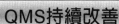

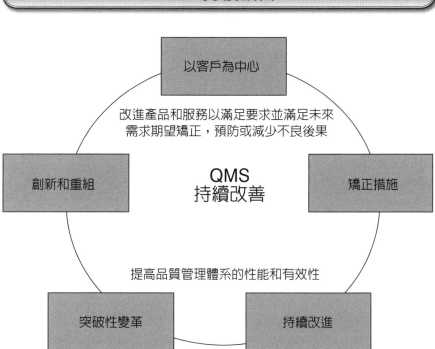

提案改善管制程序（參考例）

一、目的：

　　激勵內化員工對流程管理與品質提升等問題，提出自己創造性的方法去改善，經由公司提案流程及審查基準加以評定，並對被採用者予以表揚的制度。透過提案改善活動過程，尋求創造機會與積極消除危機事件發生，維持適合、充分及有效持續改進提案活動。

　　爲使全體員工具有品質提升意識、問題解決意識及改善意識，以減少不良品並提高品質水準，持續改善確保產品品質，降低成本、達到客戶全面滿意與公司永續經營之目標。

二、範圍：

　　本公司員工與外部供應商之智動化精實生產、團結圈活動持續改善均屬之。

三、參考文件：

　　（一）品質手冊

　　（二）ISO 9001 10.3（2015年版）

四、權責：

　　總經理專案室充分規劃與溝通，負責激勵全公司持續改善各項活動措施。

五、定義：

　　精實生產：運用本質學能於生產製造中消除浪費與有限資源最佳化的精神，發揚至內部流程管理的所有作業活動。

　　團結圈活動：由工作性質相同或有相關聯的人員，共同組成一個圈，本著自動自發的精神，運用各種改善手法，啟發個人潛能，透過團隊力量，結合群體智慧，群策群力，持續性從事各種問題的改善活動；而能使每一成員有參與感、滿足感、成就感，並體認到工作的意義與目的。

六、作業流程：略

七、作業內容：

　　（一）提案發想：自組跨部門團隊，激發創新提案構想，有利工作效能提升，可包括新產品的開發、向他部門的提案建議、有關工作場所之作業、安全、環境及品質提升、治工具專利等。自己的工作職責項目不包括在內。

　　（二）提案作業：每季檢附創新提案表向總經理室提出申請，收件完成後安排初審作業，複審作業則視提案件數每半年審查一次。

　　（三）審查作業：審查分爲初審與複審方式評選。初審委員由部門主管擔任，提案評分表，複審由總經理室，依提案改善之量化效益評估可行性進行審查。初審與複審作業，至少安排提案人員口述或簡報方式依提案內容向審查委員進行提案構想說明。

　　（四）核定作業：可行提案採二階段發放獎金，改善提案所需經費由公司全力支援，經初審複審之可行提案團隊優先發放獎勵金1,000元，經提案推動

提案成果視效益金額，發放3～5%之獎勵金於年終進行激勵。

八、相關程序作業文件：

　　1. 管理審查程序

　　2. 知識分享管制程序

　　3. 矯正再發管制程序

九、附件表單：

　　1. 創新提案表QP-XX-01

　　2. 提案評分表QP-XX-02

提案參考例：

一、降低成本之改善	二、作業合理之改善
1-1工作流程之簡化	2-1自動化之導入
1-2工作流程之改善與合併	2.2現有設備之改善
1-3包裝合理化	2-3作業方法之改善
1-4呆料的防止及利用	2-4流程之改善或變更
1-5材料、物料之節省	2-5治具之建議與使用
	2-6管理方法之改善
三、提升品質之改善	四、增加安全性之改善
3-1不良率之降低	4-1作業員安全性增進
3-2 防止不良再發生	4-2產品使用之安全性改進
3-3產品壽命之延長	4-3設備之安全性及壽命改進
3-4 有關品質向上之改善	4-4有關安全性向上之改善
五、環境之改善	六、能源效率之改善
5-1產品之生產環境品質之改善	6-1有效利用能源或節約能源
5-2增進作業員身心健康之環境改善	6-2能源之再利用
5-3作業環境空氣流通性或照明之改善	6-3能源供應形式之改變
5-4公害之防止	6-4其他有關能源效率提高之改善
七、創新之構想	八、專利設計
7-1新技術開發的構想	8-1組裝治工具
7-2多元化產品的開發	8-2運搬省力裝置
7-3技術、知識、管理方法之資訊化的建議	8-3工作便利性

＿＿＿工業有限公司

創新提案表

單位		姓名		站別		設備NO.	
項目	□工作簡化 □製程改善 □設備改善 □效率提升 □良率提升						
主題							
期間	年　月　日　～　年　月　日						
費用	元		效果	金額			

A版　　　　　　　　　　　　　　　　　　　　　　　　　　QP-XX-01

_____工業有限公司

提案評分表　　　　案號：

項目	分項	分數	初評	複評	總評
問題說明（20%）	具體完善，對實施對策作詳細分析	16〜20			
	清楚描述，並附佐證資料	11〜15			
	原則性而較無內容	6〜10			
	交代不清楚	0〜5			
改善與創意（30%）	團隊創新並具優異性	26〜30			
	創意來自腦力激盪	16〜25			
	擴散應用他人改善	6〜15			
	一般程度，舉手之勞可完成	0〜5			
可行性評估（20%）	難度雖高，極為可行，屬中長期計畫	16〜20			
	難度中等，可行，可即時規劃改善	11〜15			
	可行但須經過修改	6〜10			
	可行性低	0〜5			
預期成本效益（30%）	顯著，效益改善50萬以上	26〜30			
	不錯，效益改善30〜49.9萬	16〜25			
	尚可，效益改善10〜29.9萬	6〜15			
	一般，效益改善10萬以下	0〜5			
合計					

	評語	主審	日期
初審			
複審			
總經理	獎勵方式		

□推薦通過提案　　　□未推薦，列入嘉獎鼓勵

提案成員：　　　　　　　　　　　　　　　　日期：
（提供附件文件：　　　　　　　　　　　　　　　　　　）

A版　　　　　　　　　　　　　　　　　　　　　　QP-XX-02

Unit 10-2
不符合事項及矯正措施

公司營運相關之業務、作業或活動過程中，發生異常及監督量測、作業管制、內部稽核與內部控制所發生的不符合程序及法令規定所產生的衝擊，因應適當、迅速處理對策，以防止再發生及確保ISO品質管理系統處於穩定狀態。

不符合事項，即營運過程中，任一與作業標準、實務操作、程序規定、法令規章、管理系統績效等產生的偏離事件，該偏離可能直接或間接導致產品品質不良、服務不到位、業務或財產損失、環境損壞、預期風險之虞等皆屬之。矯正措施，係針對所發現不符合事項之現象或直接原因所採取防患未然之改善措施。

執行矯正措施，可採行PDCA循環，又稱「戴明循環」。Plan（計畫），確定專案方針和目標，確定活動計畫。Do（執行），落實現地去執行，實現計畫中的內容。Check（檢核），查核執行計畫的結果，了解效果為何，及找出問題點。Action（行動），根據檢查的問題點進行改善，將成功的經驗加以水平展開適當擴散、標準化；將產生的問題點加以解決，以免重複發生，尚未解決的問題可再進行下一個PDCA循環，繼續進行改善。

ISO 9001:2015_10.2條文要求

10.2.1 發現不符合，包括收到抱怨，組織應採取下列對策。
　　(a) 對不符合作出反應，可行時，採取下列對策。
　　　　(1) 採取措施以管制並改正之。
　　　　(2) 接受現狀。
　　(b) 以下列方式評估是否有採取措施以消除不符合原因之需要，以免其再發生或於他處發生。
　　　　(1) 審查並分析不符合。
　　　　(2) 查明不符合之原因。
　　　　(3) 查明有無其他類似不符合事項，或有可能發生者。
　　(c) 實施所需要的措施。
　　(d) 審查所採行矯正措施之有效性。
　　(e) 若必要時，更新規劃期間所決定之風險及機會。
　　(f) 若必要時，改變品質管理系統。
　　矯正措施應相稱於不符合事項之影響。
10.2.2 組織應保存文件化資訊，以作為下列事項之證據。
　　(a) 不符合事項之性質及後續所採取的措施。
　　(b) 矯正措施之結果。

不符合事項矯正措施有效性評估

對不合格產品做出反應，並在適用的情況下採取措施控制和矯正不良後果，以應對後果	評估是否需要採取行動消除不合格的原因，以便不再發生或發生在其他地方	如有必要，更新計劃期間確定的風險和機會 必要時，對品質管理體系進行更改

實施所需的任何行動

組織確定了哪些改進機會？
組織如何制訂並實施所需的措施？
品質管制體系如何根據既定標準，顯著提高績效和有效性？

審查所採取的任何矯正措施的有效性

過程改進
產品和服務的改進
品質管制體系的改進
措施清單
設計和開發專案

矯正措施

0	1	2	3
調查有關產品、製程及品質系統的不符合原因，並記錄調查結果	決定所需之矯正措施，以消除不符合發生之原因	有效處理顧客的抱怨與產品不符合的報告	應用各項管制，以確保矯正措施被執行且有效
制訂矯正措施時，組織應將品質管制體系績效的分析和評價結果、內部稽核和管理審查納入到考慮範圍當中	應借助適用的指標證明持續改進	改進目標是滿足顧客當前和未來要求、需求和期望	改進示例包括糾正措施、持續改進、變更、創新和重組改善示例包括糾正措施、持續改進、變更創新和重組

Unit 10-3
持續改進

　　持續改善防止再發，為防止營運作業過程異常狀況重複發生，須做好預防，提升服務與生產優質產品，對不良品之原因提出矯正並具體有效的管制措施，以預防事件再發生，即時因應內部品質目標達成的機會與可能面臨風險的降低。

　　矯正，對影響品質管理系統之缺失所提出的改善方案。再發，避免可能發生之風險與異常狀況之事前防備。異常，重大不合格，需做矯正，或核計損失金額（如超過1萬元以上），即屬異常，日常管理由部門主管認定不符合情況需特別矯正處理時，視為異常。

　　一般矯正再發程序作業，經各單位於發現異常狀況時，應填寫「矯正與預防措施處理記錄表」說明異常狀況及分析異常原因，一般不合格之處置依「不合格管制程序」辦理。問題異常原因及責任明確者，應立即提出矯正措施方案，並記錄於「矯正再發記錄表」上，並將此方案書面記錄或會議告知各相關部門更正，各部門主管應對其處理經過與成效做評估追蹤，並記錄於「矯正再發記錄表」上，如改善效果未達要求時，則應重新提出新的方案，必要時進行改善機會評估與風險管理評估，以防止異常狀況再發生。針對相關文件化資訊發現有潛在異常可能發生時，應填寫「矯正再發記錄表」以預先做好再發措施處理。「矯正再發記錄表」應在日常管理會議中提出並討論其成效，必要時將重大議案於管理審查會議中進行討論。

　　從過程管理面向出發，完成製程中主要作業流程，包括委外加工流程。廠內工作場所的性質，如固定設備或裝置、臨時性場所等；製程特性，如自動化或半自動化製程、製程變動性、需求導向作業等；作業特性，如重複性作業、偶發性作業等。

　　在可接受的風險水準下，積極從事各項業務，設施風險評估提升產品之質量與人員安全。加強風險控管之廣度與深度，力行制度化、電腦化及紀律化。業務部門應就各業務所涉及系統及事件風險、市場風險、信用風險、流動性風險、法令風險、作業風險和制度風險作系統性有效控管，總經理室應就營運活動持續監控及即時回應，年度稽核作業應進行確實查核，以利風險即時回應與適時進行危機處置。

ISO 9001:2015_10.3條文要求

10.3 持續改進
組織應持續改進其品質管理系統之適合性、充裕性及有效性。 　　組織應對分析及評估之結果，及管理階層審查之產出加以考慮，以決定有無值得處理的需要或機會，以作為持續改進努力的一部分。

品質管理系統持續改進

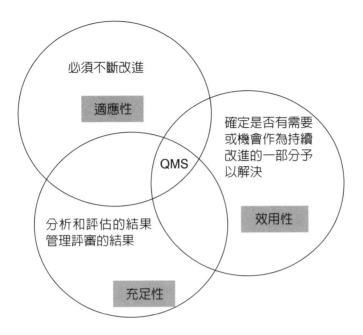

必須不斷改進

適應性

確定是否有需要
或機會作為持續
改進的一部分予
以解決

QMS

分析和評估的結果
管理評審的結果

效用性

充足性

持續改進

改進	提高績效的活動
目標	要實現的結果
不符合	不符合要求
矯正	消除檢測到的不合格的行動
矯正措施	消除不合格原因並防止再次發生的措施
預防措施	消除潛在不合格或其他不良情況的原因的行動
驗證	確認已滿足指定要求 確認已滿足指定預期用途或應用的要求
QMS必須不斷改進	必須確定不合格並作出反應 必須考慮矯正措施 持續改進仍然是QMS的核心重點

個案討論：矯正再發管制程序

一、目的：

　　為防止營運作業過程異常狀況重複發生，須做好預防，提升服務與生產優質產品，對不良品之原因提出矯正並具體有效的管制措施，以預防事件再發生，即時因應內部品質目標達成的機會與可能面臨風險的降低。

二、範圍：

　　凡本公司各部門，為達成部門營運目標與政策，可能遭遇到的各項品質異常狀況均皆屬之。各單位所發現加工組裝製程之品質異常現象之不符合事件及品質制度之缺失。

三、參考文件：

　　（一）品質手冊

　　（二）ISO 9001 10.2（2015年版）

四、權責：

　　由各部門主管及品保檢驗人員判定不合格或不良情況是否執行異常矯正預防再發措施。

五、定義：

　　（一）矯正：對影響品質管理系統之缺失所提出的改善方案。

　　（二）再發：避免可能發生之風險與異常狀況之事前防備。

　　（三）異常：重大不合格，需做矯正，或核計損失金額超過1萬元以上，即屬異常，日常管理由部門主管認定不符合情況需特別矯正處理時，視為異常。

六、作業流程：略

七、作業內容：

　　（一）各單位於發現異常狀況時，應填寫「矯正與預防措施處理記錄表」說明異常狀況及分析異常原因，一般不合格之處置依「不合格管制程序」辦理。

　　（二）問題異常原因及責任明確者，應立即提出矯正措施方案，並記錄於「矯正再發記錄表」上，並將此方案書面或會議告知各相關部門更正，各部門主管應對其處理經過與成效做評估追蹤，並記錄於「矯正再發記錄表」上，如改善效果未達要求時，則應重新提出新的方案，必要時進行改善機會評估與風險管理評估，以防止異常狀況再發生。

　　（三）針對相關文件化資訊發現有潛在異常可能發生時，應填寫「矯正再發記錄表」以預先做好再發措施處理。

　　（四）「矯正再發記錄表」應在日常管理會議中提出並討論其成效，必要時將重大議案於管理審查會議中進行討論。

八、相關程序作業文件

　　1. 不合格管制程序

　　2. 內部稽核程序

　　3. 管理審查程序

　　4. 車輛審驗管制程序

九、附件表單：
　　矯正再發記錄表 QP-XX-01

矯正再發記錄表

主題			日期	
不良狀況：				
單位主管		填表人		
原因分析：				
單位主管		填表人		
對策及防止再發生：				
單位主管		填表人		
對策後效果確認：				
核准		審查		主辦	

A版　　　　　　　　　　　　　　　　　　　　　　　　QP-XX-01

章節作業

選一個案矯正程序文件進行查核，請分組完成一份內部稽核查檢表。

年　　月　　日　　　內部稽核查檢表

ISO 9001:2015 條文要求	
相關單位	
相關文件	

項次	要求內容	查檢之 相關表單	是	否	證據 （現況符合性 與不一致性描述）	設計變更或 異動單編號
1						
2						
3						
4						
5						
6						
7						
8						

管理代表：　　　　　稽核員：

A版

附錄 **1**

ISO 9001:2015
與其他國際標準

●●●●●●●●●●●●●●●●●●●●●●● 章節體系架構 ▼

附錄 **1-1**
融合ISO 13485:2016跨系統對照表

ISO 9001:2015品質管理系統	ISO 13485:2016醫療器材品質管理系統
0.簡介	0.簡介
1.適用範圍	1.適用範圍
2.引用標準	2.引用標準
3.名詞與定義	3.名詞與定義
4.組織背景	4.品質管理系統
4.1了解組織及其背景	4.1一般要求
4.2了解利害關係者之需求與期望	4.2 文件化要求
4.3決定品質管理系統之範圍	
4.4品質管理系統及其過程	
5.領導力	5.領導力
5.1領導與承諾	5.1領導與承諾
5.1.1 一般要求	
5.1.2顧客為重	5.2顧客為重
5.2品質政策	5.3品質政策
5.2.1制訂品質政策	
5.2.2溝通品質政策	
5.3組織的角色、責任和職權	5.5職責、權限與溝通
6.規劃	5.4規劃
6.1處理風險與機會之行動	
6.2規劃品質目標及其達成	5.4.1品質目標
6.3變更之規劃	5.4.2品質管理系統規劃
7.支援	
7.1資源	6.資源管理
7.1.1一般要求	6.1資源的提供
7.1.2人力資源	6.2人力資源
7.1.3基礎設施	6.3基礎設施
7.1.4流程營運之環境	6.4工作環境與污染控制
7.1.5監督與量測資源	7.6監測與量測設備的管制

7.1.6組織的知識	
7.2適任性	
7.3認知	
7.4溝通	5.5.3內部溝通
7.5文件化資訊	4.2文件化資訊
7.5.1一般要求	4.2.1一般要求
7.5.2建立與更新	4.2.2品質手冊
7.5.3文件化資訊之管制	4.2.3醫療器材檔案
	4.2.4文件管制
	4.2.5紀錄管制
8.營運	**7.產品實現**
8.1營運之規劃與管制	7.1產品實現的規劃
8.2產品與服務要求事項	7.2顧客相關的流程
8.2.1顧客溝通	7.2.3溝通
8.2.2決定有關產品與服務之要求事項	7.2.1決定產品相關的要求
8.2.3審查有關產品與服務之要求事項	7.2.2審查產品相關的要求
8.2.4產品與服務要求事項變更	
8.3產品與服務之設計及開發	7.3設計與開發
8.3.1一般要求	7.3.1一般要求
8.3.2設計及開發規劃	7.3.2設計及開發規劃
8.3.3設計及開發投入	7.3.3設計及開發投入
8.3.4設計及開發管制	7.3.5設計及開發審查（～7.3.8）
8.3.5設計及開發產出	7.3.4設計及開發產出
8.3.6設計及開發變更	7.3.9設計及開發變更管制
	7.3.10設計及開發檔案
8.4外部提供過程、產品與服務的管制	7.4採購
8.4.1一般要求	7.4.1採購流程
8.4.2管制的形式及程度	7.4.3採購產品的查證
8.4.3給予外部提供者的資訊	7.4.2採購資訊
8.5生產與服務供應	7.5生產與服務供應
8.5.1管制生產與服務供應	7.5.1管制生產與服務供應（～7.5.7）
8.5.2鑑別及追溯性	7.5.8鑑別～7.5.9 追溯性
8.5.3屬於顧客或外部提供者之所有物	7.5.10顧客財產

8.5.4保存	7.5.11保存
8.5.5交付後活動	8.2.1回饋
8.5.6變更之管制	
8.6產品與服務之放行	
8.7不符合產出之管制	8.3不符合之管制
9.績效評估	
9.1監督、量測、分析及評估	8.量測、分析及改善　8.2監控與量測
9.1.1一般要求	8.1一般要求
9.1.2顧客滿意度	8.2.2抱怨處理
9.1.3分析及評估	8.4資料分析
9.2內部稽核	8.2.4內部稽核
	8.2.3通報主管機關
9.3管理階層審查	5.6管理階層審查
9.3.1一般要求	5.6.1一般要求
9.3.2管理階層審查投入	5.6.2管理階層審查投入
9.3.3管理階層審查產出	5.6.3管理階層審查產出
10.改進	8.5改進
10.1一般要求	8.5.1一般要求
10.2不符合事項及矯正措施	8.5.2矯正措施
10.3持續改進	8.5.3預防措施

圖解國際標準驗證ISO 9001:2015實務

206

附錄 **1-2**

融合ISO 14001:2015跨系統對照表

ISO 9001:2015品質管理系統	ISO 14001:2015環境管理系統
0.簡介	0.簡介
1.適用範圍	1.適用範圍
2.引用標準	2.引用標準
3.名詞與定義	3.名詞與定義
4.組織背景	4.組織背景
4.1了解組織及其背景	4.1了解組織及其背景
4.2了解利害關係者之需求與期望	4.2了解利害相關人之需求與期望
4.3決定品質管理系統之範圍	4.3決定環境管理系統之範圍
4.4品質管理系統及其過程	4.4環境管理系統及其過程
5.領導力	5.領導力
5.1領導與承諾	5.1領導與承諾
5.1.1一般要求	
5.1.2顧客為重	
5.2品質政策	5.2環境政策
5.2.1制訂品質政策	
5.2.2溝通品質政策	
5.3組織的角色、責任和職權	5.3組織的角色、責任和職權
6.規劃	6.規劃
6.1處理風險與機會之行動	6.1處理風險與機會之行動
	6.1.1一般要求
	6.1.2環境考量面
	6.1.3守規義務
	6.1.4規劃行動
6.2規劃品質目標及其達成	6.2環境目標與達成規劃
	6.2.1環境目標
	6.2.2規劃達成環境目標的行動
6.3變更之規劃	

7.支援	7.支援
7.1資源	7.1資源
7.1.1一般要求	
7.1.2人力	
7.1.3基礎設施	
7.1.4流程營運之環境	
7.1.5監督與量測資源	
7.1.6組織的知識	
7.2適任性	7.2適任性
7.3認知	7.3認知
7.4溝通	7.4溝通
	7.4.1一般要求
	7.4.2內部溝通
	7.4.3外部溝通
7.5文件化資訊	7.5文件化資訊
7.5.1一般要求	7.5.1一般要求
7.5.2建立與更新	7.5.2建立與更新
7.5.3文件化資訊之管制	7.5.3文件化資訊之管制
8.營運	8.營運
8.1營運之規劃與管制	8.1營運之規劃與管制
8.2產品與服務要求事項	
8.2.1顧客溝通	
8.2.2決定有關產品與服務之要求事項	
8.2.3審查有關產品與服務之要求事項	
8.2.4產品與服務要求事項變更	
8.3產品與服務之設計及開發	
8.3.1一般要求	
8.3.2設計及開發規劃	
8.3.3設計及開發投入	
8.3.4設計及開發管制	
8.3.5設計及開發產出	
8.3.6設計及開發變更	

8.4外部提供過程、產品與服務的管制	
8.4.1一般要求	
8.4.2管制的形式及程度	
8.4.3給予外部提供者的資訊	
8.5生產與服務供應	8.2緊急事件準備與應變
8.5.1管制生產與服務供應	
8.5.2鑑別及追溯性	
8.5.3屬於顧客或外部提供者之所有物	
8.5.4保存	
8.5.5交付後活動	
8.5.6變更之管制	
8.6產品與服務之放行	
8.7不符合產出之管制	
9.績效評估	9.績效評估
9.1監督、量測、分析及評估	9.1監視、量測、分析及評估
9.1.1一般要求	9.1.1一般要求
9.1.2顧客滿意度	9.1.2守規性評估
9.1.3分析及評估	
9.2內部稽核	9.2內部稽核
	9.2.2內部稽核計劃
9.3管理階層審查	9.3管理階層審查
9.3.1一般要求	
9.3.2管理階層審查投入	
9.3.3管理階層審查產出	
10.改進	10.改進
10.1一般要求	10.1一般要求
10.2不符合事項及矯正措施	10.2不符合事項與矯正措施
10.3持續改進	10.3持續改進

附錄 1-3
融合ISO 45001:2018跨系統對照表

ISO 9001:2015品質管理系統	ISO 45001:2018職安衛管理系統
0.簡介	0.簡介
1.適用範圍	1.適用範圍
2.引用標準	2.引用標準
3.名詞與定義	3.名詞與定義
4.組織背景	4.組織背景
4.1了解組織及其背景	4.1了解組織及其背景
4.2了解利害關係者之需求與期望	4.2了解工作者及利害相關人之需求與期望
4.3決定品質管理系統之範圍	4.3決定職安衛管理系統之範圍
4.4品質管理系統及其過程	4.4職安衛管理系統及其過程
5.領導力	5.領導力與工作者參與
5.1領導與承諾	5.1領導與承諾
5.1.1一般要求	
5.1.2顧客為重	
5.2品質政策	5.2職業安全衛生政策
5.2.1制訂品質政策	
5.2.2溝通品質政策	
5.3組織的角色、責任和職權	5.3組織的角色、責任和職權
	5.4 工作者諮商與參與
6.規劃	6.規劃
6.1處理風險與機會之行動	6.1處理風險與機會之行動
	6.1.1一般要求
	6.1.2 危害鑑別及風險與機會的評估
	6.1.3決定法令要求及其他要求
	6.1.4規劃行動
6.2規劃品質目標及其達成	6.2職安衛目標與其達成規劃
	6.2.1職業安全衛生目標
	6.2.2規劃達成職安衛目標
6.3變更之規劃	

7.支援	7.支援
7.1資源	7.1資源
7.1.1一般要求	
7.1.2人力	
7.1.3基礎設施	
7.1.4流程營運之環境	
7.1.5監督與量測資源	
7.1.6組織的知識	
7.2適任性	7.2適任性
7.3認知	7.3認知
7.4溝通	7.4溝通
	7.4.1一般要求
	7.4.2內部溝通
	7.4.3外部溝通
7.5文件化資訊	7.5文件化資訊
7.5.1一般要求	7.5.1一般要求
7.5.2建立與更新	7.5.2建立與更新
7.5.3文件化資訊之管制	7.5.3文件化資訊之管制
8.營運	8.營運
8.1營運之規劃與管制	8.1營運之規劃與管制
	8.1.1一般要求
	8.1.2消除危害及降低職安衛風險
	8.1.3變更管理
	8.1.4採購
8.2產品與服務要求事項	
8.2.1顧客溝通	
8.2.2決定有關產品與服務之要求事項	
8.2.3審查有關產品與服務之要求事項	
8.2.4產品與服務要求事項變更	
8.3產品與服務之設計及開發	
8.3.1一般要求	
8.3.2設計及開發規劃	
8.3.3設計及開發投入	

8.3.4設計及開發管制	
8.3.5設計及開發產出	
8.3.6設計及開發變更	
8.4外部提供過程、產品與服務的管制	
8.4.1一般要求	
8.4.2管制的形式及程度	
8.4.3給予外部提供者的資訊	
8.5生產與服務供應	8.2緊急事件準備與應變
8.5.1管制生產與服務供應	
8.5.2鑑別及追溯性	
8.5.3屬於顧客或外部提供者之所有物	
8.5.4保存	
8.5.5交付後活動	
8.5.6變更之管制	
8.6產品與服務之放行	
8.7不符合產出之管制	
9.績效評估	**9.績效評估**
9.1監督、量測、分析及評估	9.1監視、量測、分析及評估
9.1.1一般要求	9.1.1一般要求
9.1.2顧客滿意度	9.1.2守規性評估
9.1.3分析及評估	
9.2內部稽核	9.2內部稽核
	9.2.2內部稽核計劃
9.3管理階層審查	9.3管理階層審查
9.3.1一般要求	
9.3.2管理階層審查投入	
9.3.3管理階層審查產出	
10.改進	**10.改進**
10.1一般要求	10.1一般要求
10.2不符合事項及矯正措施	10.2不符合事項與矯正措施
10.3持續改進	10.3持續改進

附錄 1-4
融合ISO 50001:2018跨系統對照表

ISO 9001：2015品質管理系統	ISO 50001：2018能源管理系統
0.簡介	0.簡介
1.適用範圍	1.適用範圍
2.引用標準	2.引用標準
3.名詞與定義	3.名詞與定義
4.組織背景	4.組織背景
4.1了解組織及其背景	4.1了解組織及其背景
4.2了解利害關係者之需求與期望	4.2了解利害關係者之需求與期望
4.3決定品質管理系統之範圍	4.3決定能源管理系統之範圍
4.4品質管理系統及其過程	4.4能源管理系統及其過程
5.領導力	5.領導力
5.1領導與承諾	5.1領導與承諾
5.1.1一般要求	
5.1.2顧客導向	
5.2品質政策	5.2能源政策
5.2.1制訂品質政策	
5.2.2溝通品質政策	
5.3組織的角色、責任和職權	5.3組織的角色、責任和職權
6.規劃	6.規劃
6.1處理風險與機會之措施	6.1處理風險與機會之措施
6.2規劃品質目標及其達成	6.2規劃能源目標及其達成
6.3變更之規劃	6.3能源審查
	6.4能源績效指標
	6.5能源基線
	6.6規劃收集能源數據
7.支援	7.支援
7.1資源	7.1資源
7.1.1一般要求	
7.1.2人力	

7.1.3基礎設施	
7.1.4過程營運之環境	
7.1.5監督與量測資源	
7.1.6組織的知識	
7.2適任性	7.2能力
7.3認知	7.3認知
7.4溝通	7.4溝通
7.5文件化資訊	7.5文件化資訊
7.5.1一般要求	7.5.1一般要求
7.5.2建立與更新	7.5.2建立與更新
7.5.3文件化資訊之管制	7.5.3文件化資訊之管制
8.營運	8.營運
8.1營運之規劃與管制	8.1營運之規劃與管制
8.2產品與服務要求事項	
8.2.1顧客溝通	
8.2.2決定有關產品與服務之要求事項	
8.2.3審查有關產品與服務之要求事項	
8.2.4產品與服務要求事項變更	
8.3產品與服務之設計及開發	8.2設計
8.3.1一般要求	
8.3.2設計及開發規劃	
8.3.3設計及開發投入	
8.3.4設計及開發管制	
8.3.5設計及開發產出	
8.3.6設計及開發變更	
8.4外部提供過程、產品與服務的管制	8.3採購
8.4.1一般要求	
8.4.2管制的形式及程度	
8.4.3給予外部提供者的資訊	
8.5生產與服務供應	
8.5.1管制生產與服務供應	
8.5.2鑑別及追溯性	

8.5.3屬於顧客或外部提供者之所有物	
8.5.4保存	
8.5.5交付後活動	
8.5.6變更之管制	
8.6產品與服務之放行	
8.7不符合產出之管制	
9.績效評估	9.績效評估
9.1監督、量測、分析及評估	9.1監督、量測、分析及評估能源績效
9.1.1一般要求	9.1.1一般要求
9.1.2顧客滿意度	
9.1.3分析及評估	9.1.2法令與其他要求事項之守規性評估
9.2內部稽核	9.2內部稽核
9.3管理階層審查	9.3管理階層審查
9.3.1一般要求	9.3.1一般要求
	9.3.2管理階層審查
9.3.2管理階層審查投入	9.3.3管理階層審查能源績效投入
9.3.3管理階層審查產出	9.3.4管理階層審查產出
10.改進	10.改進
10.1一般要求	10.1一般要求
10.2不符合事項及矯正措施	10.2不符合事項及矯正措施
10.3持續改進	10.3持續改進

附錄 **1-5**
ISO 9001:2015程序文件清單範例

條款	內容	文件編號	文件名稱
4.0	組織背景	QM-01	品質手冊
4.1	了解組織背景	QP-01	管理審查程序
4.2	利害關係者需求	QP-01	
4.3	決定系統範圍	QM-01	品質手冊
4.4	品質管理系統	QP-02	品質系統管制程序
5.0	領導力	QM-01	品質手冊
5.1	領導與承諾	QM-01	品質手冊
5.2	品質政策	QM-01	品質手冊
5.3	組織角色職掌	QM-01	品質手冊
6.0	規劃	QM-01	品質手冊
6.1	因應風險與機會	QP-01	管理審查程序
6.2	品質目標與達成	QP-01	管理審查程序
6.3	變更之規劃		
7.0	支援	QM-01	品質手冊
7.1	資源	QP-03	設備保養與治具管制程序
7.1	資源	QP-04	檢驗量測設備管制程序
7.2	人力資源	QP-05	教育訓練管制程序
7.3	認知	QP-05	教育訓練管制程序
7.4	溝通	QP-06	知識分享管制程序
7.5	文件化資訊	QP-07	文件管制程序
8.0	營運	QM-01	品質手冊
8.1	作業規劃與管控	QP-08	合約審查程序
8.1	作業規劃與管控	QP-09	進料檢驗管制程序
8.1	作業規劃與管控	QP-10	製程管制程序
8.1	作業規劃與管控	QP-11	製程檢驗管制程序
8.2	產品與服務要求	QP-12	採購管制程序
8.2	產品與服務要求	QP-13	客戶抱怨管制程序

條款	內容	文件編號	文件名稱
8.3	產品設計與開發	QP-14	設計開發管制程序
8.4	外部提供過程產品與服務的管制	QP-15	供應商管制程序
8.5	生產與服務供應	QP-16	鑑別和追溯管制程序
8.5	生產與服務供應	QP-17	客供品管制程序
8.5	生產與服務供應	QP-18	倉儲管制程序
8.6	產品與服務之符合	QP-19	成品檢驗管制程序
8.6	產品與服務之符合	QP-20	車輛審驗管制程序
8.7	不符合產出之管制	QP-21	不合格管制程序
9.0	績效評估	QM-01	品質手冊
9.1	監督量測分析評估	QP-22	客戶滿意度管制程序
9.1	監督量測分析評估	QP-23	資料分析管制程序
9.1	監督量測分析評估	QP-01	管理審查程序
9.2	內部稽核	QP-24	內部稽核程序
9.3	管理審查	QP-01	管理審查程序
10.0	改進	QM-01	品質手冊
10.1	一般要求	QM-01	品質手冊
10.2	不符合與矯正措施	QP-25	矯正再發管制程序
10.3	持續改善	QP-26	提案改善管制程序

附錄 **1-6**
ISO 9001:2008程序文件清單範例

條款	內容	文件編號	文件名稱
4.1	一般要求	QM41	品質手冊
4.2	文件化要求	QP42-01	文件及資料管制程序書
		QP42-02	電腦資料管制程序書
		QP42-03	品質記錄管制程序書
5.1	管理者承諾	QM51	品質手冊
5.2	顧客導向	QM52	品質手冊
5.3	品質政策	QM53	品質手冊
5.4	規劃	QP54-01	品質目標與績效管制程序書
5.5	責任權責與溝通	QP55-01	職務職掌管制程序書
		QP55-02	會議管制程序書
5.6	管理審查	QP56-01	管理審查程序書
6.1	資源供應	QM61	品質手冊
6.2	人力資源	QP62-01	人力資源管制程序書
6.3	基礎建設	QP63-01	生產設備管制程序書
		QP63-02	模具管制程序書
6.4	工作環境	QM64	品質手冊
7.1	產品實現規劃	QM71	品質手冊
7.2	顧客相關的過程	QP72-01	業務管制程序書
7.3	設計與開發	QP73-01	設計與開發管制程序書
		QP73-02	設計變更管制程序書
		QP73-03	圖面與技術資料管制程序書
7.4	採購	QP74-01	採購及供應商管制程序書
7.5	生產與服務供應	QP75-01	生產管制程序書
		QP75-02	製程管制程序書
		QP75-03	鑑別與追溯程序書
		QP75-04	客戶財產管制程序書
		QP75-05	倉儲管制程序書
		QP75-06	成品入庫／出貨管制程序書

條款	內容	文件編號	文件名稱
7.6	量測儀器管制	QP76-01	量測儀器管制程序書
8.1	量測分析改善	QM81	品質手冊
8.2	量測與監控	QP82-01	內部品質稽核程序書
		QP82-02	進料檢驗程序書
		QP82-03	成品檢驗程序書
8.3	不合格品管制	QP83-01	不合格品管制程序書
8.4	資料分析	QP84-01	統計與資料分析管制程序書
8.5	改善行動	QP85-01	矯正及預防管制程序書

附錄 **2**

TAF國際認證論壇公報

章節體系架構 ▼

附錄 **2-1**
對已獲得ISO 9001認證之驗證的預期結果

財團法人全國認證基金會

2017年8月

本文件係依據國際認證論壇（IAF）所發行公報（Communiqué）「Expected Outcomes for Accredited Certification to ISO 9001」而訂定，本文件若有疑義時，請參考並依據IAF發行文件為原則。IAF發行文件若有修訂時，本文件同時修訂，並依前述方式處理。

公　報
對已獲得ISO 9001認證之驗證的預期結果

　　國際認證論壇（IAF）與國際標準組織（ISO）支持以下有關獲得ISO 9001認證之驗證，其預期結果之說明。其旨意是推廣一個共同焦點，透過完整的符合性評鑑供應鏈機制，共同努力達成這些預期結果，並強化獲得ISO 9001認證之驗證，其價值與相關性。

　　ISO 9001驗證常用於公部門與私部門，以提高對組織提供之產品與服務、商業合作夥伴之間對往來之業務關係、對供應鏈中供應商之選擇、以及對採購契約爭取權之信心。

　　ISO是ISO 9001之發展與發行機構，但其本身不執行稽核與驗證工作。這些服務是由獨立在ISO之外的驗證機構獨立執行。ISO不控制這些機構，而是發展自願性質之國際標準，鼓勵其在全球範圍，實施優良作業規範。例如，ISO/IEC 17021為提供管理系統之稽核與驗證服務之機構，訂定其所需之要求。

　　若驗證機構希望強化對其服務之信心，可以向IAF認可之國家級認證機構提出申請並取得認證。IAF是一家國際級組織，其成員包括49個經濟體之國家級認證機構。ISO不控制這些機構，而是發展自願性質之國際標準，例如，ISO/IEC 17011，詳細指明執行認證工作所需之一般要求。

註：獲得認證之驗證只是組織得用以證明符合ISO 9001的方法之一。ISO不對其他符合性評鑑方法，推廣獲得認證之驗證。

對已獲得ISO 9001認證之驗證的預期結果
（從組織客戶之角度）

　　「在界定之驗證範圍內，其已獲得驗證之品質管理系統的組織，能夠持續提供符

合客戶與相關法規及法令要求之產品，且以提高客戶之滿意度為追求目標。」

註：

1. 「產品」也包括「服務」。

2. 客戶對產品之要求可為明訂（例如在契約或約定之規格中）或為一般暗示引申（例如根據組織之宣傳資料或於該經濟體／產業領域中之共同規範）。

3. 對產品之要求得包括交貨及交貨後之活動。

已獲得ISO 9001認證之驗證，其代表之意義

為確認「產品」的符合性，獲得認證之驗證的程度必須提供客戶有信心，確信組織具有符合適用之ISO 9001要求之品質管理系統。特別是，組織必須讓人確信：

1. 已建立適合其產品與過程及適用於其驗證範圍之品質管理系統。

2. 能夠分析及了解客戶對於其產品之需求與期待，以及產品之相關法規及法令要求。

3. 能夠確保已訂出產品特性，以符合客戶與法規要求。

4. 已決定並正在管理為達到預期結果（符合性產品與提高客戶滿意度）所需之過程。

5. 已確保有足夠之資源，支持這些過程之運作與監控。

6. 監督與控制所界定之產品特性。

7. 為預防不符合事項為目的，並且已有系統化的改善過程，以

   (1) 改正任何確已發生之不符合事項（包括在交貨之後發現之產品不符合事項）。

   (2) 分析不符合事項之原因及採取矯正措施，以避免其再次發生。

   (3) 處理客戶抱怨。

8. 已實施有效的內部稽核與管理審查程序。

9. 監控、量測及持續改進其品質管理系統之有效性。

已獲得ISO 9001認證之驗證，不表示下述意義：

1. 非常重要的一點是必須承認ISO 9001是對組織的品質管理系統，而非對其產品，界定所需之要求。獲得ISO 9001認證之驗證須能讓人確信組織具有「持續提供符合客戶與相關法規及法令要求之產品」的能力。它也不必然確保組織一直都會達到100%的產品符合性，雖然這是所要追求的終極目標。

2. 已獲得ISO 9001認證之驗證，並不表示組織提供的一定是超優產品，或產品本身被驗證一定符合ISO（或任何其他）標準或規格之要求。

財團法人全國認證基金會
地址：新北市淡水區中正東路二段27號23樓
E-mail：taf@taftw.org.tw
Web Site：http://www.taftw.org.tw

223

對已獲得ISO 14001認證之驗證的預期結果

財團法人全國認證基金會

2017年8月

本文件係依據國際認證論壇（IAF）所發行公報（Communiqué）「Expected Outcomes for Accredited Certification to ISO 14001」而訂定，本文件若有疑義時，請參考並依據IAF發行文件為原則。IAF發行文件若有修訂時，本文件同時修訂，並依前述方式處理。

公　報
對已獲得ISO 14001認證之驗證的預期結果

　　國際認證論壇（IAF）與國際標準組織（ISO）支持以下有關獲得ISO 14001認證之驗證，其預期結果之說明。其旨意是推廣一個共同焦點，透過完整的符合性評鑑供應鏈機制，共同努力達成這些預期結果，並強化獲得ISO 14001認證之驗證，其價值與相關性。

　　ISO 14001驗證常用於公部門與私部門，以提高各利害關係者對組織之環境管理系統之信心水平。

　　ISO是ISO 14001之發展與發行機構，但其本身不執行稽核與驗證工作。這些服務是由獨立在ISO之外的驗證機構獨立執行。ISO不控制這些機構，而是發展自願性質之國際標準，鼓勵其在全球範圍，實施優良作業規範。例如，ISO/IEC 17021為提供管理系統之稽核與驗證服務之機構，訂定其所需之要求。

　　若驗證機構希望強化對其服務之信心，可以向IAF認可之國家級認證機構提出申請並取得認證。IAF是一家國際級組織，其成員包括49個經濟體之國家級認證機構。ISO不控制這些機構，而是發展自願性質之國際標準，例如，ISO/IEC 17011，詳細指明執行認證工作所需之一般要求。

註：獲得認證之驗證只是組織得用以證明符合ISO 14001的方法之一。ISO不對其他符合性評鑑方法，推廣獲得認證之驗證。

對已獲得ISO 14001認證之驗證的預期結果
（從利害關係者之角度）

　　「在界定之驗證範圍內，其已獲得驗證之環境管理系統的組織，能夠管理其與環境之間的互動，並能展現以下之承諾：

1. 預防污染。
2. 符合適用之法律與其他要求。
3. 持續改進其環境管理系統，以達成其整體環境績效之改善。」

已獲得ISO 14001認證之驗證，其代表之意義

獲得認證之驗證之程序必須能夠確保組織具有符合ISO 14001要求且適合於其活動、產品與服務性質之環境管理系統。特別是，必須能夠在界定之範圍內，證明該組織：

1. 已明訂適合其活動、產品與服務之性質、規模與環境衝擊的環境政策。
2. 已確認其活動、產品與服務中，其能控制與／或影響之環境考量面並已決定具有重大之環境衝擊之事項（包括與供應商／包商有關之事項）。
3. 已有相關程序，用以確認適用之環境法律與其他相關要求，以判定如何適用於環境考量面及隨時更新資料。
4. 已實施有效之控制，以履行其遵守適用之法律與其他要求之承諾。
5. 已依據法律要求及重大之環境衝擊，界定可衡量之環境目標與標的，並已準備達成目標與標的之執行計劃。
6. 確保為組織工作的人員或代表組織之人員都已知道其環境管理系統之要求並能勝任執行對潛在重大環境衝擊有關之任務。
7. 已實施內部溝通及回應與溝通（若有必要）外部利害關係者之程序。
8. 確保與重大之環境考量面有關之作業都在規定之條件下執行，及監督與控制可能造成重大環境衝擊運作之關鍵特性。
9. 已建立及（若適用）測試對環境影響事件之緊急應變程序。
10. 定期評估其遵守適用之法律與其他要求之符合性。
11. 為預防不符合事項為目的，並且已有相關程序，以
    (1) 改正任何已發生之不符合事項。
    (2) 分析不符合事項之原因及採取矯正措施，以避免其再次發生。
12. 已實施有效的內部稽核與管理審查程序。

已獲得ISO 14001認證之驗證，不表示下述意義：

1. ISO 14001是界定組織的環境管理系統之要求，但不界定特定之環境績效標準。
2. 獲得ISO 14001認證之驗證能提供確信組織能符合其之環境政策之信心，包括遵守適用法律、預防污染、及持續改進環境績效之承諾。但它不確保組織正在達成最佳的環境績效。
3. 獲得ISO 14001認證之驗的程序，不包括有關完整法律之符合性稽核，也不能確保絕不發生違法事件，雖然完全遵守法律規定一直都是組織之目標。
4. 獲得ISO 14001認證之驗證不表示組織一定能夠防止環境事故之發生。

財團法人全國認證基金會
地址：新北市淡水區中正東路二段27號23樓
E-mail：taf@taftw.org.tw
Web Site：http://www.taftw.org.tw

附錄 **3**

條文要求

章節體系架構 ▼

適合各產業之ISO 9001:2015條文

（CNS 12681:2016）

簡介

1. 適用範圍（略）
2. 引用標準（略）
3. 用語及定義（略）
4. 組織背景

4.1 了解組織及其背景

　　組織應決定與其目標和策略方向直接相關，且影響組織達成其品質管理系統預期結果的能力之外部及內部議題。

　　組織應監督及審查（Review）與此等外部及內部議題有關之資訊。

備註1.議題可包括列入考量的正面及負面影響之因素或情況。

備註2.考量國際、國家、區域或地方的法令、技術、競爭、市場、文化、社會及經濟環境所引發之議題，可促進對外部環境的了解。

備註3.考量與組織有關的價值觀、文化、知識及績效等議題，可促進對內部環境的了解。

4.2 了解利害關係者（Interested party）之需求與期望

　　由於利害相關者對組織一致性提供符合顧客及適用法令以及法令要求事項之產品及服務的能力，有其影響或潛在影響，組織應決定下列事項。

　　(a) 與品質管理系統有直接相關的利害相關者。

　　(b) 此等與品質管理系統有直接相關的利害相關者之要求事項。

　　組織應監督與審查有關此等利害相關者及其直接相關要求事項之資訊。

4.3 決定品質管理系統之範圍

　　組織應決定品質管理系統的界限及適用性，以確立其範疇。

　　決定此範疇時，組織應考量下列事項：

　　(a) 條文4.1提及之外部及內部議題。

　　(b) 條文4.2提及之直接相關利害相關者（Relevant interested party）之要求事項。

　　(c) 組織之產品與服務。

　　組織應實施其所決定的品質管理系統範疇內，所適用本標準之所有要求事項。

　　組織應將其品質管理系統範疇之文件化資訊備妥並維持。此範疇應說明品質管理系統所涵蓋的產品與服務之類型，並提供組織決定本標準任何要求事項不適用於其品質管理系統範疇的正當理由。

　　組織若決定不適用本標準任一要求事項時，必須不影響組織確保產品與服務符合性及增強顧客滿意度之能力或責任，始得宣稱符合本標準。

4.4 品質管理系統及其過程

4.4.1 組織應參照本標準要求事項建立、實施、維持並持續改進品質管理系統，包含所需要的過程及其交互作用。

組織應決定品質管理系統在組織各處所需要的過程及其應用，並應包含下列事項：(a) 決定相關過程所需之投入及預期的產出。

(b) 決定相關過程之順序及交互作用。

(c) 決定並應用所需的準則及方法（包含監督、量測及有關的績效指標），以確保相關過程之有效營運及管制。

(d) 決定相關過程所需要的資源並確保其可取得性。

(e) 指派相關過程的責任及職權。

(f) 處理依條文6.1要求事項所決定之風險及機會。

(g) 評估相關過程並實施任何需要的變更，以確保相關過程達成其預期結果。

(h) 改進過程及品質管理系統。

4.4.2 組織應根據其需要，從事以下工作。

(a) 維持文件化資訊，以支援其各項過程之營運。

(b) 保存文件化資訊，以對過程確實依照規劃實施具有信心。

5. 領導力（Leadership）

5.1 領導與承諾

5.1.1 一般要求

最高管理階層（Top management）應針對品質管理系統，以下作爲展現其領導力與承諾。

(a) 對品質管理系統的有效性負責。

(b) 確保品質管理系統的品質政策與品質目標被建立，並配合組織內外環境及策略方向。

(c) 確保品質管理系統要求事項已整合到組織的業務過程中。

(d) 促進使用過程導向與基於風險之思維。

(e) 確保品質管理系統所需資源已備妥。

(f) 溝通有效品質管理及符合品質管理系統要求事項的重要性。

(g) 確保品質管理系統可達成其預期結果。

(h) 連結、指導與支持員工對品質管理系統之有效性作出貢獻。

(i) 提升持續改善。

(j) 支援其他直接相關管理階層的職務，以展現其責任領域之領導力。

備註：本標準中所提及的「業務（Business）」一詞，可廣義解釋爲組織存在目的之核心活動，不論組織爲公營、私有、營利或非營利。

5.1.2 顧客爲重

最高管理階層應針對顧客爲重，確保如下作爲以展現其領導力及承諾。

(a) 顧客、適用的法令及法規要求事項已經決定、理解並一致性達成。

(b) 可能影響產品與服務的符合性、提高顧客滿意度的能力之風險及機會，經決定並予以處置。

(c) 以提升顧客滿意度爲聚焦點，並予以維持。

5.2 政策

5.2.1 制訂品質政策

最高管理階層應建立、實施及維持符合下列特性之品質政策。

(a) 適當於組織目的與內外環境，並支援其策略方向。

(b) 提供一設定品質目標的架構。

(c) 包括一滿足適用要求事項之承諾。

(d) 包括一持續改進品質管理系統之承諾。

5.2.2 溝通品質政策

品質政策之溝通應有下列特性。

(a) 備妥並維持文件化資訊。

(b) 在組織內溝通、獲得了解及實施。

(c) 直接相關利害關係人可以適當取得。

5.3 組織的角色、責任及職權（Organizational roles、Responsibilities and authorities）

最高管理階層應確保直接相關角色的責任及職權，已經在組織內有所分派、溝通並獲得了解。

最高管理階層應對下列事項分派責任及職權。

(a) 確保品質管理系統符合本標準要求事項。

(b) 確保所有過程可交付其預期之產出。

(c) 提報品質管理系統績效及改進機會（參照條文10.1），特別是向最高管理階層提出報告。

(d) 確保提升組織各處顧客爲重的理念。

(e) 確保在規劃及實施品質管理系統之變更時，仍得以維持其品質管理系統完整性。

6. 規劃（Planning）

6.1 處理風險與機會之措施（Action to address risk and opportunities）

6.1.1 在規劃品質管理系統時，組織應考量條文4.1所提及之議題與條文4.2所提及之要求事項，並決定需加以處理之風險及機會，以達成下列目的。

(a) 對品質管理系統可達成其預期結果給予保證。

(b) 加強期望達成之效應。

(c) 防止或減低不期望得到之效應。

(d) 達成持續改進。

6.1.2 組織應規劃下列事項。

(a) 處理此等風險及機會之措施。

(b) 達成下列事項的方法。

(1) 將措施予以整合並實施於品質管理系統過程中（參照條文4.4）。

(2) 評估此等措施之有效性。

處理風險及機會所採取的措施，應與其對產品與服務符合性之潛在衝擊成正比。

備註1：處理風險之選項可包括——避免風險、接受風險以尋求機會、消除此風險根源、變更其可能性或後果、分擔風險或以充分資訊的決定保留風險。

備註2：機會可導向——採行新操作實務、推出新產品、開拓新市場、開發新客戶、建立夥伴關係、使用新技術，及其他所期望且可行的契機，以處理組織或其顧客之需求。

6.2 規劃品質目標及其達成

6.2.1 組織應建立品質管理系統各直接相關職能（Functions）、階層（Levels）及過程所需之品質目標。

品質目標應有下列特性。

(a) 與品質政策一致。

(b) 可量測。

(c) 將適用的要求事項納入考量。

(d) 與產品與服務之符合性及提高顧客滿意度直接相關。

(e) 受到監督。

(f) 可溝通。

(g) 適時予以更新。

6.2.2 規劃達成品質目標的方式時，組織應決定下列事項。

(a) 所須執行的工作。

(b) 所需要的資源為何。

(c) 由何人負責。

(d) 何時完成。

(e) 如何評估結果。

6.3 變更之規劃

如組織決定需要對品質管理系統進行變更時，其變更應以有計畫的方式實施之（參照條文4.4）。

組織應考量下列事項。

(a) 此項變更之目的及其可能後果。

(b) 品質管理系統之完整性。

(c) 資源之取得。

(d) 責任及職權之配置或重新配置。

7. 支援（Support）

7.1 資源

7.1.1 一般要求

組織應決定與提供建立、實施、維護及持續改進品質管理系統所需資源。

組織應考量下列事項。

(a) 現有內部資源之能量及限制。

(b) 需要向外部提供者（External provider）取得的資源為何。

7.1.2 人力

　　組織應決定並提供品質管理系統有效實施，以及其過程的營運與管制所必須的人力資源。

7.1.3 基礎設施（Infrastructure）

　　組織應決定、提供及維持其各項過程營運，以及達成產品與服務符合性所必要之基礎設施。

備註：基礎設施可包含下列。

　　(a) 建築物及附屬公共設施。

　　(b) 設備，包含硬體及軟體。

　　(c) 運輸資源。

　　(d) 資通訊技術。

7.1.4 過程營運之環境（Environment for the operation of processes）

　　組織應決定、提供及維持其各項過程營運，以及達成產品與服務符合性所必要之環境。

備註：適合的環境可為人為因素及實體因素之組合，如下列。

　　(a) 社會（例：不歧視、安定、不對抗）

　　(b) 心理（例：紓壓、防止崩潰、情緒保護）

　　(c) 實體（例：溫度、熱、濕度、照明、氣流、衛生、噪音）

　　此等因素可因所提供的產品與服務之不同而有極大差異。

7.1.5 監督及量測資源（Monitoring and measuring resources）

7.1.5.1 一般要求

　　運用監督及量測以證實產品與服務符合要求事項時，組織應決定並提供足以確保有效與可靠監督及量測結果所需的資源。

　　組織應確保所提供的資源可達成下列事項。

　　(a) 適合於所執行之特定類型的監督及量測活動。

　　(b) 足以維持監督及量測持續合乎其目的。

　　組織應保存適當的文件化資訊，以作為監督及量測資源適合其目的之證據。

7.1.5.2 量測追溯性

　　如量測追溯性為一項要求，或組織認為量測追溯性是對量測結果正確性提供信心的必要要素時，量測設備應符合下列要求。

　　(a) 定期或於使用前，將可追溯至國際或國家標準的量測標準予以校正或查證或併行；如無此等標準，則應將其所使用之校正或查證（Verification）基準作成文件化資訊予以保存。

　　(b) 予以鑑別，俾以決定其狀況。

　　(c) 予以安全防護以避免因調整、損壞或劣化，使其校正狀況及後續量測結果失準。

　　如發現量測設備不適合其預期目的時，組織應決定其先前量測結果之正確性是否已受到不利影響，並應採取必要的適當措施。

7.1.6 組織的知識

　　組織應決定其過程營運與達成產品與服務的符合性所必需之知識。

　　此知識應予以維持，且在必要的程度內予以備妥。

　　在處理需求與趨勢的變化時，組織應考量其現有知識，並決定如何獲取或找到任何必需的額外知識及必要的更新管道。

備註1：組織的知識因組織而有不同，通常係透過經驗而獲得。組織的知識是達成組織目標所使用及分享的資訊。

備註2：組織的知識可能基於以下來源。

　　　　(a) 內部來源（如智慧財產；由經驗所獲得知識；由失敗及成功專案計畫所學到的教訓；所取得與分享的非書面知識及經驗；過程、產品及服務改進之結果）。

　　　　(b) 外部來源（如標準、學術論文、會議資料、由顧客或外部提供者蒐集到的知識）。

7.2 適任性（Competence）

　　組織應採取以下方法以確保人員之適任性。

　　(a) 組織應決定在其控管下工作，可能對品質管理系統績效及有效性有所影響的工作人員所必需之適任性。

　　(b) 以適用的教育、訓練或經驗為基礎，確保其人員之適任性。

　　(c) 可行時，採取措施以取得必需的適任性，並評估所採取措施之有效性。

　　(d) 保存正確的文件化資訊，以作為其適任性的證據。

備註：適用的措施可包括對人員提供訓練、提供輔導，或重新指派新聘人員；或聘僱或約聘具適任性的人員。

7.3 認知（Awareness）

　　組織應確保在其控管下執行其工作的人員認知下列事項。

　　(a) 品質政策。

　　(b) 直接相關的品質目標。

　　(c) 有關對品質管理系統有效性之貢獻，包括改進績效的益處。

　　(d) 不符合品質管理系統要求事項之不良影響。

7.4 溝通

　　組織應決定與品質管理系統直接相關的內部及外部溝通事項，包括下列事項。

　　(a) 其所溝通的事項。

　　(b) 溝通的時機。

　　(c) 溝通的對象。

　　(d) 溝通的方式。

　　(e) 負責溝通的人員。

7.5 文件化資訊

7.5.1 一般要求

　　組織的品質管理系統應有以下文件化資訊。

　　(a) 本標準要求之文件化資訊。

　　(b) 組織為品質管理系統有效性所決定必要的文件化資訊。

備註：各組織品質管理系統文件化資訊的程度，可因下列因素而不同。

　　　(a) 組織規模，及其活動、過程、產品及服務的型態。

　　　(b) 過程及過程間交互作用之複雜性。

　　　(c) 人員的適任性。

7.5.2 建立與更新

　　組織在建立及更新文件化資訊時，應確保下列之適當事項。

　　(a) 識別及敘述（例：標題、日期、作者或索引編號）。

　　(b) 格式（例：語言、軟體版本、圖示）及媒體（例：紙本、電子資料）。

　　(c) 適合性與充分性之審查及核准。

7.5.3 文件化資訊之管制

7.5.3.1

　　品質管理系統與本標準所要求的文件化資訊應予以管制，以確保下列事項。

　　(a) 在所需地點及需要時機，文件化資訊已備妥且適用。

　　(b) 充分地予以保護（例：防止洩露其保密性、不當使用，或喪失其完整性）。

7.5.3.2

　　對文件化資訊之管制，適用時，應處理下列作業。

　　(a) 分發、取得、取回及使用。

　　(b) 儲存及保管，包含維持其可讀性。

　　(c) 變更之管制（例：版本管制）。

　　(d) 保存及放置。

　　已被組織決定為品質管理系統規劃與營運所必須的外來原始文件化資訊，應予以適當地鑑別及管制。

　　保存作為符合性證據的文件化資訊，應予以保護防止被更改。

備註：取得管道隱含僅可觀看文件化資訊，或允許觀看並有權變更文件化資訊的決定。

8. 營運（Operation）

8.1 營運之規劃及管制

　　組織應規劃、實施及管制所需要、用以滿足所提供產品與服務要求事項的過程（參照條文4.4），並以下列方法實施第6章所決定之措施。

　　(a) 決定產品與服務之要求事項。

　　(b) 確立如下準則。

　　　(1) 過程。

　　　(2) 產品及服務之允收。

　　(c) 決定達成產品及服務要求事項符合性所需之資源。

　　(d) 依據準則實施過程管制。

　　(e) 決定、維持並保管文件化資訊至如下之必要程度。

　　　(1) 有信心其過程已依照既訂規劃執行。

(2) 展現產品與服務符合要求事項。

此規劃之產出應適合於組織的營運。

組織應管制所規劃的變更，並審查不預期的變更之後果，並依其必要採取措施以減輕任何負面效應。

組織應確保外包（Outsource）的過程受到管制（參照條文8.4）。

8.2 產品與服務要求事項

8.2.1 顧客溝通

與顧客的溝通應包括以下內容。

(a) 提供有關產品與服務之資訊。

(b) 處理查詢、合約（Contract）或訂單，包括其變更。

(c) 取得顧客對產品與服務的回饋，包括顧客抱怨。

(d) 處理或管制顧客物品（Property）。

(e) 對處理直接相關突發事件的措施，建立其特定要求事項。

8.2.2 決定有關產品與服務之要求事項

決定擬提供給顧客的產品與服務之要求事項時，組織應確保下列事項。

(a) 產品與服務要求事項定義如下。

(1) 所適用的法令及法規要求事項。

(2) 組織認定所必需的要求事項。

(b) 組織對其所提供的產品與服務，可達成其宣傳內容。

8.2.3 審查有關產品與服務之要求事項

8.2.3.1 組織應確保有能力提供顧客符合要求事項的產品與服務。在承諾提供顧客產品與服務之前，組織應審查以下要求事項。

(a) 顧客所指定的要求事項，包括交付及交付後作業之要求事項。

(b) 顧客並未述明的要求事項，但已知為其特定或預期使用所必需者。

(c) 組織所指定之要求事項。

(d) 適用於產品與服務之法令及法規要求事項。

(e) 合約或訂單要求事項，不同於先前明文表示者。

組織應確保與先前定義不同的合約或訂單之要求事項得以解決。

若顧客未對要求事項提供文件化陳述，組織在接受要求事項之前，應先確認顧客的要求事項。

備註：某些情況下，如網購，對每一訂單進行正式審查並不可行。取而代之，可改以審查直接相關的產品資訊，例：型錄或廣告。

8.2.3.2 適用時，組織應保存下列文件化資訊。

(a) 審查結果。

(b) 產品與服務任何新的要求事項。

8.2.4 產品與服務要求事項變更時，組織應確保直接相關的文件化資訊得以修訂，且直接相關人員得以了解要求事項之變更。

8.3 產品與服務之設計及開發

8.3.1 一般要求

組織應建立、實施及維持一適用的設計及開發過程，以確保後續所提供之產品與

服務。

8.3.2 設計及開發規劃

在決定設計與開發的階段及管制時，組織應考慮下列事項。

(a) 設計與開發活動的本質，持續期間及複雜性。

(b) 所需要的過程階段，包括適用的設計與開發審查。

(c) 所需的設計與開發查證（Verification）及確證（Validation）活動。

(d) 設計與開發過程所涉及之責任及職權。

(e) 產品與服務的設計與開發之內部及外部資源需求。

(f) 管理參與設計與開發過程的人員間介面之需求。

(g) 顧客及使用者團體參與設計與開發過程之需求。

(h) 後續提供的產品與服務之要求事項。

(i) 顧客與其他直接相關利害關係者所期待的設計與開發過程之管制程度。

(j) 用以展現符合設計與開發要求事項所需要的文件化資訊。

8.3.3 設計及開發投入

組織應決定對其所設計與開發的特定類型產品與服務，所必需的要求事項。組織的考慮內容如下。

(a) 功能及性能要求事項。

(b) 由先前類似設計與開發活動所取得的資訊。

(c) 法令及法規要求事項。

(d) 組織已承諾實施的標準或實務規則。

(e) 因產品與服務本質所可能導致的失效後果。

投入應完整、明確地適切於設計及開發之目的。

設計及開發投入過程的衝突應予以解決。

組織應對設計及開發的投入，保存其文件化資訊。

8.3.4 設計及開發管制

組織應管制設計與開發過程以確保下列事項。

(a) 已界定預訂達成的結果。

(b) 執行審查以評估設計及開發結果符合要求事項的能力。

(c) 執行查證活動以確保設計及開發的產出，達到其在投入方面的要求事項。

(d) 執行確證活動以確保最後產出的產品與服務，符合其特定應用或預期使用之要求事項。

(e) 對審查或查證及確證活動期間所確定的問題，採取必要措施。

(f) 設計及開發管制活動之文件化資訊得以保存。

備註：設計及開發之審查、查證及確證各有其不同目的。可依以適合組織的產品與服務的方式，個別或以其組合的方式執行之。

8.3.5 設計及開發產出

組織應確定設計及開發產出應確保下列事項。

(a) 符合投入之要求事項。

(b) 適切於後續提供產品與服務的過程。

(c) 納入或引用監督及量測要求事項，適當時，包括允收準則。

(d) 具體說明產品與服務為達成其預期目的、其安全及適當供應，所必要的特性（Characteristic）。

組織應保存設計及開發產出的文件化資訊。

8.3.6 設計及開發變更

組織應鑑別、審查及管制產品與服務之設計及開發期間或其後所作的變更，至足以確保對要求事項的符合性無負面衝擊之必要程度。

組織應保存下列文件化資訊。

(a) 設計及開發變更。

(b) 審查結果。

(c) 變更之權責。

(d) 為預防負面衝擊所採取的措施。

8.4 外部提供過程、產品與服務的管制

8.4.1 一般要求

組織應確保外部所提供的過程、產品與服務符合要求事項。

下列情況時，組織應決定對外部提供的過程、產品與服務實施之管制內容。

(a) 預期將外部提供者的產品與服務，併入組織本身的產品與服務中。

(b) 由外部提供者以組織的名義，直接將產品與服務提供給顧客。

(c) 組織決策所導致，由外部提供者提供過程或局部。

組織應依據要求事項，根據外部提供者提供過程或產品與服務的能力，決定並運用準則，以評估、選擇、監督績效，及重新評估外部提供者。組織應將此類活動，及因評估而導致的必要措施，作成文件化資訊並予以保存。

8.4.2 管制的形式及程度

組織應確保外部所提供的過程、產品及服務，對組織始終如一地交付具有符合性的產品與服務給顧客之能力，沒有負面影響。

組織應考量下列事項。

(a) 確保外部所提供的過程，納入其品質管理系統的管制。

(b) 界定對外部提供者及其產出此二者所預期之管制。

(c) 將下列事項納入考量。

　　(1) 外部所提供的過程、產品與服務，對組織始終如一地符合顧客及適用法令及法規要求事項的能力，所可能產生的衝擊。

　　(2) 外部提供者實施管制的有效性。

(d) 決定為確保外部所提供的過程、產品與服務符合要求事項，所必需的查證或其他活動。

8.4.3 給予外部提供者的資訊

組織及外部提供者溝通前，應先確保要求事項之適切性。

組織應向外部提供者溝通下列要求事項。

(a) 待提供的過程、產品與服務。

(b) 下列之核准事宜。

(1) 產品與服務。

(2) 方法、過程及設備。

(3) 產品與服務之放行（Release）。

(c) 人員之適任性，包括所需要的資格。

(d) 外部提供者及組織的互動。

(e) 組織對外部提供者績效所實施的管制及監督。

(f) 組織或其顧客預定在外部提供者場域執行的查證或確證活動。

8.5 生產與服務供應

8.5.1 管制生產與服務供應

組織應在管制條件下，實施生產與服務供應。

適用時，管制條件應包括如下。

(a) 備妥界定下列事項的文件化資訊。

(1) 期待生產產品的特性、待提供的服務或待實施的活動。

(2) 期待達成之結果。

(b) 備妥及使用適合的監督與量測資源。

(c) 於適當階段實施監督及量測活動，以查證已達成過程或產出之管制準則，以及產品與服務之允收準則。

(d) 使用適合於過程營運的基礎設施及環境。

(e) 指派適任人員，包括需要的資格。

(f) 如產出無法透過後續監督或量測予以查證時，確證及定期再確證過程達成生產與服務供應的能力。

(g) 實施預防人為錯誤的措施。

(h) 實施放行、交付及交付後活動。

8.5.2 鑑別及追溯性

如必需確保產品與服務之符合性時，組織應使用合適的方法鑑別產出。

在生產與服務的整個供應過程中，組織應根據監督及量測要求事項鑑別產出的狀態。當要求追溯性時，組織應管制產出之獨特鑑別性，並應保存必要的文件化資訊使能促成追溯性。

8.5.3 屬於顧客或外部提供者之所有物

屬於顧客或外部提供者之所有物，處於組織管制下，或由組織使用時，組織應予以妥善保管。

組織應將提供給組織使用，或合併於產品與服務中，屬於顧客或外部提供者之所有物，予以鑑別、查證、保護及安全防護。

當顧客或外部提供者的所有物遺失、損壞或經發現不適合使用時，組織應將此情況通知顧客或外部提供者，並保存所發生情況之文件化資訊。

備註：顧客或外部提供者所有物可包括物料、組件、工具及設備、場所、智慧財產及個人資料。

8.5.4 保存

組織應保存生產與服務供應期間之產出，至得以確保符合要求事項的程度。

備註：保存可包括鑑別、處理、污染管制、包裝、儲存、傳輸或運輸及保護。

8.5.5 交付後活動

組織應符合產品與服務所關連的交付後活動要求事項。

在決定所要求的交付後活動範圍時，組織應考慮下列事項。

(a) 法令及法規要求事項。

(b) 與其產品與服務有關連，潛在而不期望的後果。

(c) 其產品與服務之本質、使用及預定使用期限。

(d) 顧客要求事項。

(e) 顧客回饋。

備註：交付後活動可包括保證條款下之各項措施、例：維修服務等契約義務，以及如
回收再利用或最終處置等附加服務。

8.5.6 變更之管制

組織應審查及管制生產與服務供應的變更，至必要程度，以確保持續符合要求事
項。組織應保存審查變更結果的敘述、核准變更之人員，及因審查而產生的必要措施
之文件化資訊。

8.6 產品與服務之放行

組織應在各適當階段實施所規劃有關放行之安排，查證產品與服務已符合要求事
項。圓滿完成所規劃有關放行的安排後，方可將產品與服務放行給顧客；除非另獲得
直接相關權責機構核准者，及適用時，獲得顧客核准。

組織應保存有關放行產品與服務之文件化資訊。其文件化資訊應包括以下二者。

(a) 符合允收準則之證據。

(b) 可追溯至授權放行之人員。

8.7 不符合產出之管制

8.7.1 組織應確保不符合要求事項的產出予以鑑別及管制，以防止其不預期的

使用或交付。組織應依據其不符合的性質及其對產品與服務符合性的影響，採取
適當措施。此亦應用於產品交付後，或提供服務的當時或其後，才發現的不符合產品
或服務。

組織應以下列的一項或數項方式，處理不符合的產出。

(a) 改正（Correction）。

(b) 隔離、管制、退回或暫時中止產品與服務之供應。

(c) 告知顧客。

(d) 取得特許（Concession）允收之授權。

不符合的產出矯正後，應對其要求事項之符合性予以查證。

8.7.2 組織應保存下列文件化資訊。

(a) 不符合之敘述。

(b) 所採措施之敘述。

(c) 若有，其所取得特許之敘述。

(d) 鑑別對不符合決定處理措施之權責。

9. 績效評估（Performance evaluation）

9.1 監督、量測、分析及評估

9.1.1 一般要求

組織應決定下列事項。

(a) 有需要監督及量測的對象。

(b) 為確保得到正確結果，所需要的監督、量測、分析及評估方法。

(c) 實施監督及量測的時機。

(d) 監督及量測結果所應加以分析及評估的時機。

組織應評估品質管理系統的績效及有效性。

組織應保存適當的文件化資訊，以作為結果的證據。

9.1.2 顧客滿意度

組織應監督顧客對需求及期望滿足程度的感受。組織應對取得、監督及審查此資訊之方法有所決定。

備註：監督顧客感受之範例，可包括顧客調查、顧客對交付產品與服務之回饋、與顧客面談、市佔率分析、讚揚、依據保證書所提出的要求及經銷商報告等。

9.1.3 分析及評估

組織應分析及評估由監督及量測所取得之適切資料與資訊。

分析結果應用以評估下列事項。

(a) 產品與服務之符合性。

(b) 顧客滿意程度。

(c) 品質管理系統之績效及有效性。

(d) 規劃已有效實施。

(e) 處理風險及機會措施之有效性。

(f) 外部提供者之績效。

(g) 對品質管理系統進行改進的需要。

備註：資料分析的方法亦可包括統計技術。

9.2 內部稽核（Internal audit）

9.2.1 組織應在規劃的期間執行內部稽核，以提供品質管理系統達成下列事項之資訊。

(a) 符合下列事項。

(1) 組織對其品質管理系統的要求事項。

(2) 本標準要求事項。

(b) 品質管理系統已有效地實施及維持。

9.2.2 組織應進行下列事項。

(a) 規劃、建立、實施及維持稽核方案，其中包括頻率、方法、責任、規劃要求事項及報告，此稽核方案應將有關過程之重要性、對組織有影響的變更，及先前稽核之結果納入考量。

(b) 界定每一稽核之稽核準則（Audit criteria）及範圍。

圖解國際標準驗證ISO 9001:2015實務

(c) 遴選稽核員並執行稽核，以確保稽核過程之客觀性及公正性。

(d) 確保稽核結果已通報給直接相關管理階層。

(e) 不延誤地採取適當的改正及矯正措施。

(f) 保存文件化資訊以作爲實施稽核方案及稽核結果之證據。

備註：參照CNS 14809指引。

9.3 管理階層審查（Management review）

9.3.1 一般要求

　　最高管理階層應在所規劃之期間審查組織的品質管理系統，以確保其持續的適合性、充裕性、有效性，並與組織的策略方向一致。

9.3.2 管理階層審查之投入

　　管理階層審查的規劃及執行應將下列事項納入考量。

(a) 先前管理階層審查後，所採取的各項措施之現況。

(b) 與品質管理系統直接相關的外部及內部議題之改變。

(c) 品質管理系統績效及有效性的資訊，包括下列趨勢。

　　(1) 顧客滿意及來自於直接相關利害關係者之回饋。

　　(2) 品質目標符合程度。

　　(3) 過程績效及產品與服務之符合性。

　　(4) 不符合事項及矯正措施。

　　(5) 監督及量測結果。

　　(6) 稽核結果。

　　(7) 外部提供者之績效。

(d) 資源之充裕性。

(e) 處理風險及機會所採取措施之有效性（參照條文6.1）。

(f) 改進之機會。

9.3.3 管理階層審查之產出

　　管理階層審查之產出應包括如下之決定及措施。

(a) 改進機會。

(b) 若有需要，改變品質管理系統。

(c) 所需資源。

　　組織應保存文件化資訊，作爲管理階層審查結果之證據。

10. 改進（Improvement）

10.1 一般要求

　　組織應決定與選擇改進機會並實施必要措施，以達成顧客要求事項並增進顧客滿意度。

　　此等措施應包括下列事項。

(a) 改進產品與服務以符合要求事項，以及面對未來的需要及期望。

(b) 矯正、預防或降低不符合之效應。

(c) 改進品質管理系統之績效及有效性。

10.2 不符合事項及矯正措施

10.2.1 發現不符合，包括收到抱怨，組織應採取下列對策。

    (a) 對不符合作出反應，可行時，採取下列對策。

        (1) 採取措施以管制並改正之。

        (2) 接受現狀。

    (b) 以下列方式評估是否有採取措施以消除不符合原因之需要，以免其再發生或於他處發生。

        (1) 審查並分析不符合。

        (2) 查明不符合之原因。

        (3) 查明有無其他類似不符合事項，或有可能發生者。

    (c) 實施所需要的措施。

    (d) 審查所採行矯正措施之有效性。

    (e) 若必要時，更新規劃期間所決定之風險及機會。

    (f) 若必要時，改變品質管理系統。

矯正措施應相稱於不符合事項之影響。

10.2.2 組織應保存文件化資訊，以作為下列事項之證據。

    (a) 不符合事項之性質及後續所採取的措施。

    (b) 矯正措施之結果。

10.3 持續改進

組織應持續改進其品質管理系統之適合性、充裕性及有效性。

組織應對分析及評估之結果，及管理階層審查之產出加以考慮，以決定有無值得處理的需要或機會，以作為持續改進努力的一部分。

資料參考：http://www.iso.org

附錄 **3-2**
適合車輛產業之品質一致性審驗作業要求（2016-05-16）

第六章　品質一致性審驗作業

6.1 基本說明

6.1.1 前言

　　申請者申請交通部「電動輔助自行車及電動自行車安全檢測基準」之「審查報告」時，應檢附個別檢測項目之「品質一致性管制計畫書」，審驗機構依申請者所提送之「品質一致性管制計畫書」辦理品質一致性審查，並應執行品質一致性核驗，以確保電動輔助自行車、電動自行車及其裝置之安全品質具有一致性。

6.1.2 名詞釋義

　1. 品質一致性審驗：指為確保電動輔助自行車、電動自行車及其裝置之安全品質具有一致性所為之「品質一致性計畫書審查」及「品質一致性核驗」；「品質一致性核驗」包含「成效報告核驗」、「現場核驗」、「抽樣檢測」及「實車查核」。「品質一致性審驗」架構圖如圖1所示：

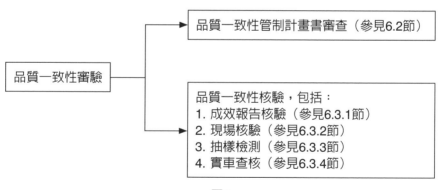

圖1

　2.「品質一致性管制計畫書」之審查，指為鑑別申請者品質管理系統所需之流程與其適切性及符合性之審查；審查內容包含品質管制之方式、人員配置、檢驗設備維護保養與校正、抽樣檢驗比率、記錄方式、不合格情形之改善方式及審驗合格標章管理之方式等項目。

　　(1) 成效報告核驗：

　　　　申請者依所提送予審驗機構之「品質一致性管制計畫書」所訂定之程序，其執行結果說明並檢附執行相關查檢記錄表單，於規定時間提送予審驗機

構辦理核驗作業，俾利審驗機構對持有「審查報告」之申請者，執行品質管理系統符合性及一致性確認。

(2) 現場核驗：

「現場核驗」係審驗機構派員至生產電動輔助自行車、電動自行車及其裝置及執行品質管制之地點，確認品質管理系統運作情形。

(3) 抽樣檢測：

審驗機構報請交通部同意後，對電動輔助自行車、電動自行車及其裝置執行「抽樣檢測」，確保電動輔助自行車或電動自行車及其裝置符合交通部「電動輔助自行車及電動自行車安全檢測基準」規定。

(4) 實車查核：

「實車查核」係為審驗機構得不預告派員至申請者宣告之製造廠、經銷商或其他經交通部指定地點進行車輛規格規定查核，以確認是否符合電動輔助自行車或電動自行車型式安全審驗合格證明書登載之內容。

6.2 品質一致性管制計畫書審查

6.2.1 提送時機

1. 申請交通部「電動輔助自行車及電動自行車安全檢測基準」個別檢測項目之「審查報告」時，需一併檢附；後續申請案如未涉「品質一致性管制計畫書」內容變更時，可檢附其封面加蓋申請者及其負責人印章之影本，以宣告與其前檢附之「品質一致性管制計畫書」內容完全相同。

2. 申請者已取得「審查報告」，其對應之「品質一致性管制計畫書」之內容若有變更時，申請者應主動向審驗機構提出相關變更作業。

6.2.2 「品質一致性管制計畫書」內容規定

「品質一致性管制計畫書」之內容應至少包含下列項目：

1. 封面：

需說明申請者基本資料（適用「電動輔助自行車及電動自行車安全檢測基準」項目、申請者之名稱、地址、電話、計畫書版次、提送日期資訊）。

2. 目錄：

說明內文之順序、章節及頁碼編排等資訊。

3. 修訂一覽表：

說明有關所提送之「品質一致性管制計畫書」增修訂之內容及其範圍，俾利文件維持最新版次之要求。

4. 文件內文要求

(1) 說明該「品質一致性管制計畫書」適用電動輔助自行車、電動自行車及其裝置之範圍（廠牌或型式）並說明該電動輔助自行車、電動自行車及其裝置製造之工廠名稱、工廠地址等相關宣告事項。

(2) 品質管制之方式：

應說明電動輔助自行車、電動自行車及其裝置所需管制之程序及其裝置檢

驗與測試等項目，確保電動輔助自行車、電動自行車及其裝置一致性所為之程序。

(3) 人員配置：

需說明申請者執行品質管制相關部門組織及架構（以圖表方式呈現）、人員職掌之界定及會影響電動輔助自行車、電動自行車及其裝置品質工作之人員應實施教育訓練課程之安排。

(4) 檢驗設備維護保養與校正：

申請者應對電動輔助自行車、電動自行車及其裝置執行維護保養與校正之檢驗（量測）設備建立相關作業程序（含週期、校正追蹤對像）。

(5) 抽樣檢驗比率：

依電動輔助自行車、電動自行車及其裝置製造之數量訂定合理之抽驗比率。

(6) 記錄方式：

分為文件管制及記錄管制。

① 文件管制：

文件須審視內容與實際管制作業之符合性及一致性，且備妥該文件於使用或指定場所保存，俾利文件取用與閱讀。

② 記錄管制：

對於品質管制作業所需使用之表單應建立及維持，以提供品質管理系統符合要求及有效運作之證據。記錄應易於閱讀、鑑別、取用，並應說明保存期限及處理方式所需之管制。

(7) 不合格情形之改善方式：

可分為不合格電動輔助自行車、電動自行車及其裝置管制、持續改進、矯正及預防措施。

① 不合格電動輔助自行車、電動自行車及其裝置管制：

對於不合格電動輔助自行車、電動自行車及其裝置應加以識別及管制，並建立後續矯正處理之程序。

② 持續改善：

可藉由品質政策、目標、稽核結果、資料分析、矯正及預防措施或管理審查的運用，持續對其品質進行改善。

③ 矯正及預防措施：

採適當矯正措施以消除潛在不符合之原因，防止其再發生。

(8) 審驗合格標章管理之方式：

需說明審驗合格標章之申請、保管、黏貼（含懸掛）、確認與遺失損毀補發等作業說明。

6.2.3 「品質一致性管制計畫書」審查參考依據

1. 審驗機構依ISO國際標準組織之品質管理系統相關標準及申請者所提「品質一致性管制計畫書」內容為其審查參考依據。

2. 審查結果如有內容不符之情形，審驗機構應通知（電話、書面或電子郵件）申請者進行「品質一致性管制計畫書」內容修訂，至符合「電動輔助自行車

及電動自行車型式安全審驗管理辦法」規定項目之要求，其申請之案件始可接續辦理相關審查作業。

6.2.4 附註說明

1. 同一申請者重複申請或申請多項個別檢測項目之「審查報告」，若其品質系統相同，可使用相同之「品質一致性管制計畫書」。
2. 申請者已具國際標準品質保證制度認可資格者，且其內容符合交通部「電動輔助自行車及電動自行車型式安全審驗管理辦法」有關「品質一致性管制計畫書」規定項目者，得檢附有效期限內之ISO品質管理系統驗證證書〔國際認證論壇（IAF）之會員所鑑定合格之機構，發行之ISO證書或國際汽車工業行動聯盟（IATF）訂定合約之驗證機構所核發之ISO/TS16949〕及「品質一致性管制計畫宣告書」、設備清單，代替「品質一致性管制計畫書」。
3. 檢附之資料為中文或英文以外之其他外文資料者，另應附中文或英文譯本。

6.3 品質一致性核驗

審驗機構對取得審查報告或合格證明書滿六個月之申請者，執行品質一致性核驗方式：

1. 原則每年執行成效報告核驗一次，另每兩年執行現場核驗一次。
2. 另申請者可於申請現場核驗時併同辦理成效報告核驗。

6.3.1 成效報告核驗

6.3.1.1 申請者應於下列時間提送

首次取得審查報告或合格證明書滿六個月之申請者，審驗機構得依管理辦法之規定，發函通知申請者（國外申請者以電子郵件方式通知）辦理年度「成效報告核驗」。

1. 每年1月1日～3月31日止，提送對象為北部地區（基隆／台北／新北／桃園／新竹）國內電動輔助自行車、電動自行車製造廠及車輛裝置申請者。
2. 每年4月1日～6月30日止，提送對象為中部地區（苗栗／台中／彰化／雲林）國內電動輔助自行車、電動自行車製造廠及裝置申請者。
3. 每年7月1日～9月30日止，提送對象為南部地區（嘉義／台南／高雄／屏東）國內車電動輔助自行車、電動自行車製造廠及裝置申請者。
4. 每年10月1日～12月31日止，提送對象為其他地區國內電動輔助自行車、電動自行車製造廠及裝置申請者。
5. 申請者於「成效報告核驗」之期間內所持有審查報告及合格證明書如未生產或進口相關產品者，得以正式公文函覆說明免除年度「成效報告」之提送。

6.3.1.2 提送之內容及申請

辦理成效報告之申請者，應填具電動（輔助）自行車審查／審驗申請表並依下列規定擇一辦理。

1. 依申請者所提之「品質一致性管制計畫書」訂定之程序，所留存之執行記錄彙整成冊後提送審驗機構。

2. 已具6.2.4節2.之規定檢附有效期限內之「ISO品質管理系統驗證證書」及「品質一致性管制計畫宣告書」之申請者，其「成效報告核驗」得以檢附有效期限內之「ISO品質管理系統驗證證書」代替「成效報告核驗」

6.3.1.3 核驗作業

審驗機構依據申請者所提送之文件進行核驗，並於三個月內完成核驗及寄發「品質一致性核驗報告」，說明年度執行成效報告核驗結果之權重分數、結果判定，建議改善事項。

1. 成效報告核驗結果
   (1) 成效報告核驗合格：
      通過本年度之品質一致性成效報告核驗；另核驗週期依核驗結果之權重分數，作為核驗週期參考。
   (2) 成效報告核驗不合格：
      ① 成效報告初驗不合格或未依規定時間提送成效報告者，審驗機構應以雙掛號方式發函通知申請者辦理補件，申請者補件不合格或未能於雙掛號函文收到後一個月內提送成效報告者，審驗機構應執行現場核驗作業，如無法執行「現場核驗」或補件不合格者，則判定核驗不合格並依相關規定處理。
      ② 依前述程序辦理「現場核驗」，經審驗機構發現有重大影響品質之缺失或檢附相關查檢記錄無法佐證品質一致性作業執行情形者，則判定核驗不合格並依相關規定處理。
      ③ 審驗機構發現申請者資格不符合管理辦法第六條規定，審驗機構發函判定品質一致性核驗不合格，並停止申請者辦理相關「合格證明書」及「審查報告」之申請，申請者在限定期間內提出說明及改善，審驗機構辦理工廠查核，如符合規定函文報請交通部同意後，發函判定品質一致性複驗合格並終止前述申請限制，審驗機構經工廠查核，如仍不合格，則依相關規定處理。
      ④ 前述①程序中若成效報告複驗（補件）不合格，且審驗機構尚有疑慮者，得經報請交通部同意後辦理「抽樣檢測」。
      ⑤ 審驗機構辦理現場核驗除交通部另有特殊要求外，得採事先通知方式辦理。
   (3) 成效報告核驗週期之訂定：
      審驗機構依核驗結果之權重表分數，作為下次核驗週期參考依據。

權重分數	下次核驗週期	說明
71分以上	每年一次	評定為優良之製造廠商或進口商，可自我確保其電動輔助自行車、電動自行車及其裝置品質符合一致性之要求。
60～70分	每半年一次	評定為一般水準之製造廠商或進口商，尚須加強品質系統之運作及管制。
59以下（含）	—	判定核驗不合格

備註：提送ISO證書之文件進行成效報告核驗者，得一年核驗一次；惟如有交通部指示及異常者，審驗機構保留調整核驗週期之權利。

6.3.1.4 成效報告核驗不合格處置

品質一致性成效報告核驗不合格者，審驗機構應依據不合格所涉相關部分，判定停止該申請者「合格證明書」及「審查報告」之申請資格。申請者並應於接獲核驗不合格通知後一個月內，以書面方式向審驗機構提出說明及改善措施，辦理品質一致性複驗。申請者未依規定之期限內向審驗機構提出說明及改善措施或經審驗機構辦理品質一致性複驗仍不合格者，審驗機構應報請交通部廢止該申請者電動輔助自行車或電動自行車型式安全審驗合格證明書，及宣告其「審查報告」失效。

6.3.2 現場核驗

6.3.2.1 現場核驗時機

1. 取得審查報告或審驗合格證明書申請者滿六個月之申請者自2016年起每2年執行1次現場核驗，核驗時間由審驗機構排定後執行。
2. 申請者主動申請以「現場核驗」代替「成效報告核驗」。
3. 申請者如未能於補件通知函示期限內提送「成效報告核驗」時，執行「現場核驗」作業〔參見6.3.1.3節1.(2)①〕。
4. 審驗機構辦理「監測、審查、審驗或成效報告核驗」，對申請者檢附之文件、記錄內容有疑慮事項者。本現場核驗應先函報交通部同意。
5. 審驗機構辦理實車抽驗結果為初測不合格者。
6. 經舉發有車輛規格與審驗合格證明書或審查報告所載規格不一致者。且經審驗機構執行「實車查核」後，有疑慮且認有必要時，報請交通部同意後執行「現場核驗」。
7. 交通警政單位查有未依電動輔助自行車或電動自行車型式安全審驗合格證明書所載內容製造或進口之電動輔助自行車或電動自行車，並通知審驗機構，且經審驗機構查明屬實者。
8. 其他經交通部函文指示辦理者。

6.3.2.2 現場核驗查核方式

「現場核驗」係依據ISO國際標準組織之稽核要求，查核申請者是否依所提送之「品質一致性管制計畫書」所訂之程序執行生產、製造或進口之管制行為及現場所量產之電動輔助自行車或電動自行車及其裝置是否依其申請之審查項目所核定之內容及其規格，確認品質管理系統之符合性及一致性稽查。（以「ISO品質管理系統驗證證書」代替品質一致性管制計畫書者，其現場核驗依據申請者之品質手冊相關部分進行核驗）

6.3.2.3 現場核驗結果說明

1. 依6.3.2.1節1.2.3.4.執行現場核驗且判定合格者，為通過年度品質一致性核驗作業，審驗機構寄發「品質一致性核驗報告」，說明核驗結果。
2. 如有6.3.2.1節5.6.7.8.項之情形者，則依規定辦理「現場核驗」作業，並以函文

通知說明核驗結果。

6.3.2.4 現場核驗不合格判定說明

1. 未符合提送之「品質一致性管制計畫書」內容執行。
2. 未依電動輔助自行車或電動自行車型式安全審驗合格證明書所載內容製造或進口之電動輔助自行車及電動自行車。
3. 未依「審查報告」所載地點製造，其電動輔助自行車及電動自行車及其裝置內容之功能、規格、有不符情形者。
4. 遭交通警政單位舉發或民眾舉發，經現場核驗確認有不符之情形者。

6.3.2.5 核驗不合格後續處理方式

1. 屬6.3.2.1節1.2.3.4.者
   (1) 品質一致性核驗」（含「成效報告核驗」或「現場核驗」）不合格者，審驗機構應依據不合格所涉相關部分，判定停止該申請者「合格證明書」及「審查報告」之申請資格。
   (2) 申請者並應於接獲審驗機構通知核驗不合格後，一個月內以書面方式向審驗機構提出說明及改善措施，辦理品質一致性複驗。
   (3) 申請者未依規定期限內，向審驗機構提出說明及改善措施或經審驗機構辦理品質一致性複驗仍不合格者，審驗機構應報請交通部廢止該申請者電動輔助自行車或電動自行車型式安全審驗合格證明書，及宣告其「審查報告」失效。
   (4) 複驗合格，恢復其申請權利。

2. 屬6.3.2.1節5.6.7.8.者
   (1) 經審驗機構查申請者確有未依電動輔助自行車或電動自行車型式安全審驗合格證明書所載內容製造或進口之情形者〔如現場核驗無法判定則以6.3.3.1節1.方式抽樣檢測〕，審驗機構應報請交通部並通知申請者限期一個月內以書面方式向審驗機構提出說明及改善措施，審驗機構應依據不合格所涉相關部分，判定停止該申請者「合格證明書」及「審查報告」之申請資格，並由審驗機構辦理品質一致性複驗。
   (2) 申請者未依前項規定期限內完成改善措施或其改善措施經審驗機構複驗仍不合格者，審驗機構應即報請交通部廢止該電動輔助自行車或電動自行車型式安全審驗合格證明書。
   (3) 複驗合格，恢復其申請者「合格證明書」及「審查報告」之申請資格。

6.3.3 抽樣檢測

6.3.3.1 抽樣檢測時機及對象：

1. 有6.3.2.1節5.6.之情形且經審驗機構執行「現場核驗」後，有疑慮且認有必要時，報請交通部同意後執行「抽樣檢測」。
2. 交通部函文指示辦理申請者之「抽樣檢測」。

6.3.3.2 抽樣檢測說明：

1. 審驗機構經報請交通部同意後以函文方式通知申請者，進行「抽樣檢測」。
2. 經審驗機構「抽樣檢測」查申請者確有未依電動輔助自行車或電動自行車型式安全審驗合格證明書所載內容製造或進口之情形或未符合「電動輔助自行

車及電動自行車安全檢測基準」規定者，審驗機構應報請交通部通知申請者限期一個月內以書面方式向審驗機構提出說明及改善措施，審驗機構應依據不合格所涉相關部分，判定停止該申請者「合格證明書」及「審查報告」之申請資格，並由審驗機構辦理複驗。

3. 申請者未依前項規定期限內完成改善措施或其改善措施經審驗機構複驗仍不合格者，審驗機構應即報請交通部廢止該電動輔助自行車或電動自行車型式安全審驗合格證明書及宣告其「審查報告」失效。

4. 複驗合格，恢復其申請者「合格證明書」及「審查報告」之申請資格。

6.3.4 實車查核

6.3.4.1 實車查核時機：

1. 經舉發有車輛規格與審驗合格證明書或審查報告所載規格不一致者。

2. 審驗機構辦理「監測、審查、審驗或成效報告核驗」，對申請者檢附之文件、記錄內容有疑慮事項者。本實車查核應先函報交通部同意。

3. 有6.3.2.1節7.8.之情形且經審驗機構執行「現場核驗」後，有疑慮且認有必要時，報請交通部同意後執行「實車查核」。

4. 其他經交通部函文指示辦理者。

6.3.4.2 實車查核方式：

審驗機構得不預告派員至申請者宣告之製造廠、經銷商或其他經交通部指定地點，對車輛外觀、尺度、重量與合格標章等進行查核，以確認是否符合電動輔助自行車或電動自行車型式安全審驗合格證明書登載之規格，且必要時審驗機構得要求申請者派員參與。

6.3.4.3 實車查核結果說明

1. 依6.3.4.1節1.2.執行「實車查核」後，有疑慮且認有必要時，報請交通部同意後執行「現場核驗」。

2. 依6.3.4.1節3.4.執行「實車查核」發現確有車輛規格與審驗合格證明書所載規格不一致者，審驗機構應報請交通部並通知申請者限期一個月內以書面方式向審驗機構提出說明及改善措施，審驗機構應依據不合格所涉相關部分，判定停止該申請者「合格證明書」及「審查報告」之申請資格，並由審驗機構辦理複驗。申請者未依前述規定期限內完成改善措施或其改善措施經審驗機構複驗仍不合格者，審驗機構應即報請交通部廢止該電動輔助自行車或電動自行車型式安全審驗合格證明書。複驗合格，恢復其申請者「合格證明書」及「審查報告」之申請資格。

6.4 合格證明書廢止處理程序

6.4.1 檢測機構出具之安全檢測報告，經審驗機構查證確有未符「電動輔助自行車及電動自行車安全檢測基準」事實者，審驗機構應報請交通部停止以該安全檢測報告辦理「合格證明書」及「審查報告」之各項申請。依前述安全檢測報告以取得之「合格證明書」及「審查報告」，審驗機構得停止廠商申請型式審驗合

格標章，並通知申請者限期改善，屆期不改善或未完成改善者，審驗機構報請交通部廢止該「合格證明書」及宣告該「審查報告」失效。改善合格者，審驗機構應報請交通部通恢復辦理相關檢驗。

6.4.2 「品質一致性核驗」不合格者，審驗機構應停止該申請者辦理相關「合格證明書」及「審查報告」之各項申請。申請者並應於接獲核驗不合格通知後一個月內以書面方式向審驗機構提出說明及改善措施，辦理品質一致性複驗。

申請者未依規定期限內向審驗機構提出說明及改善措施或經審驗機構辦理品質一致性複驗仍不合格者，審驗機構應報請交通部廢止該申請者之電動輔助自行車或電動自行車型式安全審驗合格證明書，及宣告其「審查報告」失效。

前項複驗合格者，恢復其申請權利。

6.4.3 公路監理機關或警察機關查有未依審驗合格證明書所載內容製造或進口之電動輔助自行車或電動自行車，應通知審驗機構，審驗機構查明屬實後，應按不符合情事，依管理辦法25條規定辦理「實車抽驗」。自中華民國一〇一年一月一日起有未依審驗合格證明書所載內容製造或進口之電動輔助自行車或電動自行車，應通知審驗機構，審驗機構查明屬實後，除應按不符合情事，依管理辦法23條規定辦理品質一致性現場核驗、實車查核及抽樣檢測。前述實車抽驗或現場核驗、實車查核及抽樣檢測之電動輔助自行車或電動自行車，經查申請者確有未依審驗合格證明書所載內容製造或進口之情形者，交通部應通知申請者限期一個月內以書面方式向審驗機構提出說明及改善措施，並由審驗機構辦理實車抽驗複測及品質一致性複驗。申請者未依規定期限完成改善措施或其改善措施經審驗機構複驗仍不合格者，審驗機構應即報請交通部廢止該審驗合格證明書。

6.4.4 審驗合格證明書申請者提供審驗合格證明書予他人冒用者，交通部得令其限期改善，屆期不改善或未完成改善者，廢止其全部或一部之審驗合格證明書。

6.4.5 冒用、偽造或變造審驗合格證明書者，三年內不得申請辦理安全檢測及型式安全審驗業務。

資料來源：https://www.vscc.org.tw/Home/List/112

附錄 **3-3**
車輛型式安全審驗管理辦法（2019-11-22）

2019年11月22日交路字第10850150401號令修正

第一章　總則

第1條　本辦法依公路法第六十三條第五項規定訂定之。

第2條　本辦法所用名詞釋義如下：

一、車輛型式安全審驗：指車輛申請新領牌照前，對其特定車型之安全及規格符合性所為之審驗。

二、車輛型式（以下簡稱車型）：指由車輛製造廠或車身打造廠宣告之不同車輛型式，並以符號代表。

三、車型族：指不同車型符合下列認定原則所組成之車型集合：

（一）底盤車廠牌及製造國相同。

（二）完成車廠牌及製造國相同。

（三）車身廠牌及打造國相同。

（四）車輛種類（車別）相同。

（五）車身式樣相同。

（六）軸組型態相同。

（七）核定之軸組荷重、總重量及總聯結重量相同。

（八）底盤車製造廠宣告之底盤車型式系列相同。

（九）車輛製造廠或車身打造廠宣告之車輛型式系列相同。

（十）使用高壓氣體為燃料之車輛，其高壓氣體燃料系統主要構造、裝置之廠牌及型式相同。

四、延伸車型：指符合車型族認定原則，申請者於原車型族中擬新增之車型。

五、安全檢測：指車輛或其裝置依本辦法規定之車輛安全檢測基準所為之檢測。

六、品質一致性審驗：指為確保車輛及其裝置之安全品質具有一致性所為之品質一致性計畫書審查及品質一致性核驗；品質一致性核驗包含成效報告核驗、現場核驗及抽樣檢測。

七、檢測機構：指取得交通部認可辦理車輛或其裝置安全檢測之國內外機構。

八、審驗機構：指受交通部委託辦理車輛型式安全審驗相關事宜之國內車輛專業機構。

第3條　國內車輛製造廠、底盤車製造廠、車身打造廠、進口商及進口人，其製

造、打造或進口之車輛，應經檢測機構或審驗機構依交通部所訂車輛安全檢測基準檢測並出具安全檢測報告，並向審驗機構申請辦理車輛型式安全審驗合格且取得安全審驗合格證明書後，始得向公路監理機關辦理新領牌照登記、檢驗、領照。

【與第三條相關之補充作業規定：105-08/TD020-04】

第4條　交通部為辦理車輛型式安全審驗，得委託國內具審驗能力之車輛專業機構為審驗機構，辦理車輛型式安全審驗之安全檢測、監測、審查、品質一致性審驗、安全審驗合格證明書製發、檢測機構認可書面審查及實地評鑑、認可證書製發、檢測機構及其監測實驗室監督評鑑等相關事宜。

前項委託事項及法規依據，交通部應刊登政府公報或新聞紙公告之。

第二章　車輛型式安全審驗

第5條　車輛型式安全審驗之申請者資格如下：

一、國內製造之完成車，為製造廠。

二、進口之完成車，為進口商。

三、國內製造之底盤車由車身打造廠打造車身者，為底盤車製造廠或車身打造廠。

四、進口底盤車由車身打造廠打造車身者，為進口商或車身打造廠。

五、車身打造廠自行進口底盤車打造車身者，為車身打造廠。

六、國內之製造廠或車身打造廠，使用其他廠牌完成車或底盤車變更或改造之完成車，為製造廠或車身打造廠。

七、機關、團體、學校或個人進口完成車自行使用者，為機關、團體、學校或個人。

八、機關、團體、學校或個人進口底盤車委任車身打造廠打造車身而自行使用者，為進口之機關、團體、學校、個人或車身打造廠。

【與第五條相關之補充作業規定：97/06-MR05-01、106-04/MR05-02、109-02/MR05-03】

第6條　申請車輛型式安全審驗者，應檢附下列資料向審驗機構提出申請，申請資料並應加蓋申請者及其負責人印章或為可證明申請者身分之電子憑證：

一、申請資格證明文件影本。

（一）國內製造廠應檢附公司登記證明文件或商業登記證明文件，及工廠登記證明文件。

（二）國內車身打造廠應檢附工廠登記證明文件及商業登記證明文件。

（三）進口商應檢附公司登記證明文件或商業登記證明文件。

（四）取得國外原車輛或底盤車製造廠授權代理資格之進口商（以下簡稱代理商），另應檢附授權代理之證明文件。

（五）機關、團體、學校及個人進口車輛自行使用者，應出具機關、團體、學校或個人之正式證明文件。

二、規格技術資料：

（一）基本資料。

（二）各車型諸元規格資料。

（三）各車型加註尺度之完成車照片。

（四）第十六條規定之合格標識標示位置說明資料。

（五）砂石車、混凝土攪拌車及罐槽車，另應檢附各車型裝載容積尺寸計算說明資料。

（六）使用液化石油氣燃料系統之車輛，另應檢附符合道路交通安全規則附件十規定之證明文件。

（七）大客車、幼童專用車及校車，另應檢附各車型座椅配置圖。

（八）國內車身打造廠打造車身之大客車，另應檢附下列資料：

1.大客車底盤架裝車身施工規範。

2.大客車底盤架裝車身施工規範自行查核表、車身結構設計及打造施工圖說，圖說項目應包括車體六視圖、底盤五視圖、骨架資料說明表、物件之重量、位置示意圖及照片。

3.甲、乙類大客車各車型之施工規範自行查核表應由具備乙級焊接執照或其他經審驗機構認可具焊接資格人員查核簽署。

4.各車型車身結構強度計算書。

（九）國內車輛製造廠製造及進口商進口之甲、乙類大客車，另應檢附下列資料：

1.耐久性能測試驗證文件。

2.各車型之施工規範自行查核表，應由具備乙級焊接執照或其他經審驗機構認可具焊接資格人員查核簽署。但車身組裝採自動化設備生產達一定程度且經審驗機構認可者，得免附查核表。

3.各車型之車輛主要零件清單。

三、各車型依第十四條規定取得之個別檢測項目審查報告；除車輛安全檢測基準之車輛規格規定項目之審查報告外，其申請者與審查報告所有者得為不同。但申請者與審查報告所有者不同時，另應檢附審查報告所有者授權同意之證明文件。

國內製造廠或車身打造廠，變更或改造其他廠牌完成車或底盤車，審驗機構報經交通部認定有影響行車安全之虞者，另應檢附原完成車或原底盤車製造廠授權同意之證明文件。

【與第六條相關之補充作業規定：96-07/MR-01、101-01/MR06-01、MR06-02/101-11、102-05/MR06-03、103-03/MR06-01、105-08/MR06-06、MR06-07108-03、108-07/MR06-07、108-06/MR06-07】

第6-1條 國內車輛製造廠及車身打造廠初次申請車輛型式安全審驗者，應檢附下列資料，並經審驗機構辦理工廠查核合格：

一、廠址符合性及規模文件。

二、品質一致性管制計畫書。

三、耐久性能測試驗證文件。電動機車製造廠，另應檢附車輛操控穩定性測試文件、該生產車型與電動自行車及電動輔助自行車之差異說明資料。

四、取得國外技術母廠授權組裝或製造者，應檢附國外技術母廠授權組裝或製造證明文件。

五、非取得國外技術母廠授權組裝或製造者，應檢附動力性能、煞車性能、結構分析等車輛設計開發技術能力文件。但大客車製造廠，另應檢附自主研發技術能量文件。

【與第六條之一相關之補充作業規定：102-05/MR06-04、103-03/MR06-05】

第7條 申請第六條車輛型式安全審驗有下列情形之一者，應改依少量車型安全審驗方式辦理：

一、申請者未能取得第六條第一項第一款第四目規定之國外原車輛或底盤車製造廠授權代理證明文件之進口商、機關、團體、學校或個人。

二、未能檢附第六條第一項第三款規定之審查報告。

三、在國外已領照使用但未報廢之車輛。

四、在非屬道路範圍之場站已使用過之車輛。

五、新貨車底盤架裝舊車身或舊附加配備之車輛。

申請車輛型式安全審驗，其審驗車輛均為同車型規格之完成車且申請輛數未逾二十輛者，得以少量車型安全審驗方式辦理。辦理少量車型安全審驗，其申請車輛應為同車型規格之完成車，且每案申請輛數應不逾二十輛。但屬第一項第三款至第五款之車輛，應逐車辦理少量車型安全審驗。屬第一項第三款逐車辦理少量車型安全審驗之車輛，除機關、團體、學校或個人自行進口使用之車輛外，應以國內已取得車輛型式安全審驗所有檢測項目規定之審查報告或檢測報告之同型式規格車輛為限。

【與第七條相關之補充作業規定：100-06/MR07-01、101-07/MR07-01、101-09/MR07-02、MR07-02/101-11、MR07-03/103-02、MR07-04/104-08、MR07-05/106-07、MR07-06/106-09、MR07-07/108/06、MR07-08/109-02】

第8條 申請少量車型安全審驗者，應檢附下列資料向審驗機構提出申請：

一、第六條第一項第一款及第二款規定之資料。

二、審驗車輛之車輛來歷憑證及車身或引擎號碼資料。

三、依第十四條規定取得之個別檢測項目審查報告或安全檢測報告；除車輛安全檢測基準之車輛規格規定項目之審查報告或檢測報告外，其申請者與審查報告或檢測報告所有者得為不同。但申請者與報告所有者不同時，另應檢附報告所有者授權同意之證明文件。

審驗車輛為國外已領照使用但未報廢者，應另逐車檢附下列文件正本，驗畢後歸還：

一、國外已領照之行車執照或其他車輛證明文件。裝船日為中華民國九十六年七月一日以後者，另應檢附載明原車輛製造廠出廠日期之證明文件。

二、海關進口與貨物稅完（免）稅證明書（車輛用）。但海關出具之證明
　　書或前款規定之證明文件登載有車輛破損、缺陷情形或為保險、事故
　　回收車輛之情事者，並應檢附下列證明文件：
　　（一）進口證明書（含進口轎車應行申報事項明細表）。
　　（二）車輛有破損或缺陷情形，審驗機構報經交通部認定有影響行車
　　　　　安全之虞者，應檢附同廠牌代理商出具之修復證明文件。
　　（三）保險或事故回收車輛，應檢附國外原廠牌製造廠或其代理商認
　　　　　可之國外修復證明文件。
　　（四）裝船日為中華民國九十九年一月一日後有保險、事故或安全性
　　　　　瑕疵回收紀錄之進口車輛，另應檢附下列證明文件：
　　　　　1.經國外政府或其認可公證單位驗證之國外原廠牌製造廠或其
　　　　　　代理商修復證明文件，並應經我駐外使領館、代表處、辦事
　　　　　　處驗證之。
　　　　　2.車輛買受人確知為保險、事故或安全性瑕疵回收車輛之證明
　　　　　　文件。
前項之進口與貨物稅完（免）稅證明書（車輛用），申請人得以關稅機關
電子傳送之進口與貨物稅完（免）稅證明文件替代之。
【與第八條相關之補充作業規定：105-01/MR08-02】

第9條　　審驗機構受理車輛型式安全審驗申請後，應依車型族認定原則、車型規格
　　　　差異性、車輛安全檢測基準符合性及有關安全因素等原則辦理審驗及規格
　　　　核定，並於審驗合格及核定車輛規格後，檢具車輛型式安全審驗報告，送
　　　　請交通部核發車輛型式安全審驗合格證明書。

第10條　審驗機構受理少量車型安全審驗申請後，應擇取一輛車輛依車輛安全檢測
　　　　基準符合性及有關安全因素等原則辦理審驗及規格核定，並派員實地查核
　　　　該批車輛數量及規格，且於審驗合格及核定車輛規格後，檢具少量車型安
　　　　全審驗報告，送請交通部核發少量車型安全審驗合格證明書。

第11條　車輛型式安全審驗及少量車型安全審驗合格證明書（以下簡稱合格證明
　　　　書）有效期限為審驗合格日起二年，且其檢測項目應符合審驗合格日時已
　　　　公告實施之車輛安全檢測基準。但檢測項目未符合已公告而未實施之車輛
　　　　安全檢測基準者，其有效期限不得逾該項目之實施日期。
　　　　前項合格證明書包括合格證明及車型規格資料，車輛型式安全審驗及少量
　　　　車型安全審驗合格證明格式如附件一及附件二。

第12條　前條合格證明書有效期限屆滿前，原申請者得向審驗機構申請換發。合格
　　　　證明書逾期者失效，不得辦理新領牌照登記、檢驗、領照。
　　　　前項逾期失效之合格證明書，原申請者得向審驗機構重新申請審驗，其原
　　　　失效合格證明書所載車型符合已公告實施之各項車輛安全檢測基準者，得
　　　　免重新辦理該項目檢測。
　　　　已取得之合格證明書，其檢測項目有未符合新增或變更之車輛安全檢測基

256

準規定者，應向審驗機構提出申請換發，於未經審驗合格並取得新合格證明書前，不得辦理新領牌照登記、檢驗、領照。

合格證明書之換發，應由審驗機構依已公告實施之各項車輛安全檢測基準規定審驗合格後，送請交通部換發合格證明書。

合格證明書遺失或毀損者，原申請者得檢附相關資料向審驗機構申請補發。

【與第十二條相關之補充作業規定：106-02/MR12-01、107-02/MR12-02、108-09/MR12-02】

第12-1條　申請者依第十一條第一項但書規定有效期限之合格證明書，於有效期限屆滿前已完成製造、打造或進口但尚未辦理登檢領照之車輛，得於有效期限屆滿後一個月內向審驗機構造冊登記申請展延合格證明書十二個月有效期限，供造冊登記之車輛辦理登記、檢驗、領照。

申請者使用已依第十七條第三項規定造冊登記之底盤車打造完成車，除交通部另有規定外，其使用相同底盤型式已取得屆滿有效期限之合格證明書，得向審驗機構申請展延合格證明書十八個月有效期限，供使用造冊登記底盤車打造之完成車辦理登記、檢驗、領照。使用造冊登記之底盤車打造完成車，於新增車輛安全檢測基準實施後申請審驗者，亦同。

依前二項規定取得展延有效期限之合格證明書及其車輛新領牌照登記書、行車執照與車輛使用手冊等，應註明其車輛安全檢測基準符合性。

【與第十二條之一相關之補充作業規定：108-09/MR12-1-01】

第13條　申請者申請延伸車型、變更原有車型規格構造或原審驗資料有所變更者，應依第六條及第八條之規定，檢附延伸或變更之相關資料及圖示，向審驗機構提出申請。審驗機構辦理延伸或變更審驗合格後，應檢具延伸或變更之審驗報告，送請交通部換發合格證明書。

中華民國一○○年十二月三十一日前，由國內車身打造廠打造之完成車，依第六條及第一項規定申請審驗或延伸登錄同一車型族之車型，得以尺寸圖代替第六條規定之完成車照片。但各軸距以八個車型為限。

已取得車輛型式安全審驗合格證明書之延伸車型，以實體車逐車辦理少量車型安全審驗者，得檢附完成車照片替代第十條規定之實地查核。

【與第十三條相關之補充作業規定：108-09/MR13-01】

第14條　申請第六條及第八條之審查報告，應為完成車或其裝置、底盤車之製造廠或代理商、車身打造廠。屬國內車輛裝置製造廠初次申請審查報告者，另應檢附廠址符合性及規模文件與品質一致性管制計畫書，並經審驗機構辦理工廠查核合格。

具備前項資格條件之申請者，得檢附下列資料向審驗機構提出申請，申請資料並應加蓋申請者及其負責人印章或為可證明申請者身分之電子憑證，經審驗機構依車輛安全檢測基準規定審定申請者宣告之適用型式、範圍及文件有效性後，由審驗機構核發審查報告：

一、申請資格證明文件影本：

（一）國內完成車或其裝置、底盤車之製造廠，應檢附公司登記證明

文件或商業登記證明文件，及工廠登記證明文件。

（二）國內車身打造廠應檢附工廠登記證明文件及商業登記證明文件。

（三）國外完成車或其裝置、底盤車之製造廠及車身打造廠，應檢附設立登記證明文件。

（四）國外進口完成車或其裝置、底盤車之代理商，應檢附公司登記證明文件或商業登記證明文件，及授權代理證明文件。

二、規格技術資料：

（一）基本資料。

（二）宣告之適用型式及其範圍之圖面或照片及功能、規格說明資料。

（三）同型式規格車輛或其裝置之安全檢測報告、經濟部標準檢驗局驗證證明文件或其他經審驗機構認可之技術文件。但申請者與文件所有者不同時，另應檢附文件所有者授權同意之證明文件。

（四）第十六條規定之合格標識格式樣張說明資料及標識標示位置與方式。

（五）小型汽車附掛拖車之聯結裝置另依申請項目檢附聯結架及聯結器標識說明資料，其內容應包含製造廠商、型號與宣告荷重。

三、該檢測項目適用型式及其範圍之品質一致性管制計畫書，其內容應包含品質管制之方式、人員配置、檢驗設備維護保養與校正、抽樣檢驗比率、記錄方式及其不合格情形之改善方式。

同一機關、團體、學校或個人進口同型式規格之行車紀錄器、小型汽車附掛拖車之聯結裝置、小型汽車置放架、載重計或反光識別材料等車輛裝置自行使用且同一年度總數未逾三個，得檢附下列資料向審驗機構申請僅供自行使用之審查報告：

一、前項第二款第一目及第二目規定之資料。

二、機關、團體、學校登記證明或個人身分證明文件及車輛裝置之海關進口與貨物稅完（免）稅證明書。

三、自行使用、不得販售或轉讓該項車輛裝置之切結書。

【與第十四條相關之補充作業規定：105-08/MR14-01】

第15條　審查報告內容應包含審查報告編號、檢測項目及其適用法規、適用型式及其範圍。

審查報告登載內容新增或變更時，審查報告之申請者應依前條之規定，檢附相關資料及圖示，向審驗機構提出申請，經審查合格後，由審驗機構換發審查報告。

依前條第三項規定取得審查報告之車輛裝置，不得申請型式延伸或變更。

審查報告遺失或毀損者，原申請者得檢附相關資料向審驗機構申請補發。

第16條　取得審查報告之下列車輛裝置，應依審查合格之格式樣張製作合格標識，並應逐一標示：

一、行車紀錄器。

二、小型汽車附掛拖車之聯結裝置（含聯結架、聯結器）。

三、小型汽車置放架。

四、載重計。

五、反光識別材料。

六、安全帶。

前項第六款規定之安全帶裝置於車輛者，於中華民國一○三年一月一日前，得免適用前項應逐一標示合格標識之規定。

依第十四條第三項規定取得審查報告之車輛裝置，得免除第一項規定。第一項合格標識內容格式規定如附件三。

【與第十六條相關之補充作業規定：100-10/MR16-01】

第17條　國內底盤車製造廠製造或進口商進口供國內車身打造廠打造車身之底盤車，應辦理底盤車型式登錄。

辦理前項底盤車型式登錄，應檢附下列資料向審驗機構提出申請，申請資料並應加蓋申請者及其負責人印章或為可證明申請者身分之電子憑證，經審驗機構登錄後，由審驗機構核發登錄報告：

一、申請資格證明文件影本。

　　（一）國內底盤車製造廠應檢附公司登記證明文件或商業登記證明文件，及工廠登記證明文件。

　　（二）底盤車進口商應檢附公司登記證明文件或商業登記證明文件，代理商另應檢附授權代理之證明文件。

二、供打造大客車之底盤車應檢附大客車底盤架裝車身施工規範。

三、底盤車型式規格表及圖說。

四、供打造甲、乙類大客車之底盤車應檢附完成車耐久性能測試驗證文件及各型式之底盤主要零件清單。

新增車輛安全檢測基準為底盤車項目時，已依規定完成登錄且已有國內車身打造廠使用打造完成車取得合格證明書之底盤車型式，於新增車輛安全檢測基準實施前已完成製造或進口但尚未使用打造之相同型式底盤車，底盤車製造廠、進口商或車身打造廠得於新增車輛安全檢測基準實施後一個月內，向審驗機構造冊登記申請適用原符合已公告實施之檢測項目。

【與第十七條相關之補充作業規定：102-05/MR06-03、104-09/MR17-01、105-01/MR17-02、105-02/MR17-03、105-08/MR17-04、108-09/MR17-05】

第17-1條　國內底盤車製造廠初次申請底盤車型式登錄者，應檢附下列資料，並經審驗機構辦理工廠查核合格：

一、廠址符合性及規模文件。

二、品質一致性管制計畫書。

三、耐久性能測試驗證文件。

四、取得國外技術母廠授權組裝或製造者，應檢附國外技術母廠授權組裝

或製造證明文件。

五、非取得國外技術母廠授權組裝或製造者，應檢附動力性能、煞車性能、結構分析等車輛設計開發技術能力文件。但大客車之底盤車製造廠，另應檢附自主研發技術能量文件。

【與第十七條之一相關之補充作業規定：102-05/MR06-04、103-03/MR06-05】

第三章　檢測機構認可

第18條　申請檢測機構認可者，應具備自有之檢測設備及場地，並符合下列資格之一：

一、國內外行政機關（構）。

二、國內外公立或立案私立大專以上學校。

三、國內外立案之車輛技術相關法人機構或團體。

具備前項資格條件之國內外機構，得檢附下列資料向審驗機構申請認可，由審驗機構辦理書面審查及實地評鑑：

一、申請表。

二、設立登記證明文件。

三、符合或等同ISO/IEC17025之品質手冊或證明文件。

四、檢測實驗室設備配置圖。

五、檢測設備規格一覽表。

六、標準作業程序書。

七、實驗室主管、品質負責人、報告簽署人及檢測人員之履歷資料。

八、其他經交通部或審驗機構指定之文件。

國外機構申請認可之檢測項目，如已取得國外政府認可辦理同項目車輛或其裝置安全檢測者，其申請檢測機構認可，經交通部同意後得免適用第一項應具備自有檢測設備及場地之條件。

【與第十八條相關之補充作業規定：99-06/MR18-01】

第19條　申請檢測機構認可經審驗機構書面審查及實地評鑑通過者，由審驗機構送請交通部就審核通過之檢測基準項目範圍給予認可，並發給檢測機構認可證書。

申請檢測機構認可之機構，經書面審查或實地評鑑有缺點者，審驗機構得通知申請機構於限期內補正或改善，屆期未提出或複查仍有缺點者，不予認可。

檢測機構不得申請車輛安全檢測基準之車輛規格規定項目認可。

第20條　檢測機構認可證書應記載下列事項：

一、檢測機構名稱及地址。

二、認可編號。

三、認可日期。

四、認可範圍，包含檢測項目及其適用法規及適用範圍。

五、其他經交通部指定事項。

第21條　檢測機構認可證書遺失、毀損或所載事項有變更時，檢測機構應填具申請書，並檢附相關文件向審驗機構申請補發或換發。

檢測機構申請遷移檢測場地、增列檢測場地或認可檢測項目時，審驗機構應進行實地評鑑。但必要時得改以書面審查或事後實地評鑑之追查方式辦理。

檢測機構於其報告簽署人有變更時，應報請審驗機構核轉交通部備查。

第22條　檢測機構應依車輛安全檢測基準辦理檢測及出具安全檢測報告。

檢測機構辦理前項檢測，得派員至其他檢測實驗室使用其設備以監測方式為之。檢測機構以監測方式執行檢測，應於首次辦理前，檢附下列資料向審驗機構提出申請，經書面審查及實地評鑑通過後始得辦理，審驗機構並應核發監測實驗室評鑑報告：

一、申請表。

二、實驗室設立登記證明文件。

三、實驗室設備配置圖及檢測設備規格一覽表。

四、實驗室主管及檢測人員之履歷資料。

五、其他經審驗機構指定之文件。

前項辦理監測之實驗室，其負責主管或檢測人員變更時，檢測機構應報請審驗機構備查；檢測設備有新增或變更時，檢測機構應再向審驗機構提出申請，經書面審查通過後始得再辦理監測，審驗機構並得視必要之情形，進行實地評鑑。

第23條　檢測機構辦理安全檢測，其檢測紀錄、安全檢測報告及相關技術文件應詳實記載。

前項檢測紀錄、報告及相關技術文件，至少應保存五年。

第四章　查核及監督管理

第24條　交通部對審驗機構應定期或不定期實施監督稽查。前項監督稽查有缺失之情形者，審驗機構應依交通部通知限期改善，逾期未完成改善或不改善時，得廢止其全部或一部之審驗委託。

第25條　審驗機構應定期或不定期對檢測機構及其監測實驗室實施監督評鑑，並得視監督評鑑結果調整評鑑次數。

前項監督評鑑由審驗機構報經交通部同意後執行之，審驗機構並得要求檢測機構提供辦理安全檢測相關資料或辦理檢測，檢測機構無正當理由，不得規避、妨礙或拒絕。

檢測機構經監督評鑑有缺失者，應依審驗機構通知期限改善，並報請複查。

第26條　檢測機構有下列情事之一者，交通部得不認可其所出具及簽署之安全檢測報告；俟於期限內完成改善，並經複查符合後，始予恢復：

一、未依第二十一條第三項及第二十二條第四項規定報請備查者。

二、經監督評鑑有缺失之情形。

三、未依第二十五條規定申請複查。

四、經通知限期提供資料，無正當理由而屆期未提供者。

五、未能採取各項安排，以利交通部或審驗機構辦理監督評鑑、申訴或爭議案件之處理，經交通部或審驗機構通知仍未配合者。

第27條　檢測機構以詐欺、脅迫或賄賂方法取得認可者，交通部應撤銷其認可，並限期繳回認可證書；屆期不繳回者，由交通部逕行公告註銷之。

檢測機構有下列情事之一者，交通部得廢止或撤銷其全部或一部之認可：

一、主動申請廢止認可者。

二、檢測紀錄、安全檢測報告或相關技術文件有虛偽不實之情事者。

三、喪失執行業務能力或無法公正及有效執行檢測業務者。

四、監督評鑑缺點未依通知期限完成改善或逾期不改善者。

五、其他違反本辦法規定，經交通部認定情節重大者。

檢測機構經依前二項規定廢止或撤銷其認可者，於三年內不得再提出認可申請。但前項第一款或情形特殊經交通部同意者，不在此限。

第28條　檢測機構出具之安全檢測報告，經審驗機構查證確有未符車輛安全檢測基準事實者，審驗機構應報請交通部停止以該安全檢測報告辦理合格證明書及審查報告之各項申請。

依前項安全檢測報告已取得之合格證明書及審查報告，審驗機構應通報公路監理機關停止辦理新領牌照登記檢驗，並通知申請者限期改善，屆期不改善或未完成改善者，審驗機構報請交通部廢止該合格證明書及宣告該審查報告失效。

前項改善合格者，審驗機構應報請交通部通知公路監理機關恢復辦理新領牌照登記檢驗。

第29條　審驗機構應對車輛型式安全審驗合格證明書及審查報告之申請者執行品質一致性核驗，以每年執行一次成效報告核驗及每三年執行一次現場核驗為原則，並得視核驗結果調整核驗次數。

前項品質一致性核驗不合格者，審驗機構應停止該申請者辦理相關合格證明書及審查報告之各項申請。申請者並應於接獲核驗不合格通知次日起三十日內以書面向審驗機構提出說明、改善措施及所需改善期限後，依限辦理品質一致性複驗。

申請者未能於所提改善期限內完成改善時，應於期限屆滿前提出原因說明及具體改善措施，經審驗機構核可後，延長改善期限。

申請者未依規定期限內向審驗機構提出說明及改善措施或經審驗機構辦理品質一致性複驗仍不合格者，審驗機構應報請交通部廢止該申請者全部或一部之車輛型式安全審驗合格證明書，及宣告其審查報告失效。

前項複驗合格者，恢復其申請權利。

【與第二十九條相關之補充作業規定：品質一致性現場核驗補充措施】

第30條　公路監理機關查有未依車輛型式安全審驗合格證明書所載內容製造、打造或進口之車輛，應通知審驗機構，審驗機構查明屬實後，應按不符合情事，依前條規定辦理品質一致性現場核驗及抽樣檢測。

前項現場核驗及抽樣檢測之車輛，經查申請者確有未依車輛型式安全審驗合格證明書所載內容製造、打造或進口之情形者，交通部應通知申請者限期三十日內以書面向審驗機構提出說明、改善措施及所需改善期限，並由審驗機構辦理品質一致性複驗。申請者未能於所提改善期限內完成改善時，應於期限屆滿前提出原因說明及具體改善措施，經審驗機構核可後，延長改善期限。

申請者未依規定期限完成改善措施或其改善措施經審驗機構複驗仍不合格者，審驗機構應即報請交通部廢止該車輛型式安全審驗合格證明書。

第31條　公路監理機關辦理少量車型安全審驗之車輛新領牌照登記檢驗時，經查有車輛未依合格證明書所載內容製造、打造或進口者，除應停止該車輛辦理登檢領照外，應立即通報審驗機構及其他公路監理機關停止辦理該車型車輛之新領牌照登記檢驗。

前項車型尚未登檢領照之車輛應限期改善，並應逐車經審驗機構辦理查驗，查驗不合格者，審驗機構應報請交通部廢止該車輛之合格證明書，查驗合格之車輛始得登檢領照。

第32條　合格證明書申請者提供合格證明書予他人冒用者，交通部得令其限期改善，屆期不改善或未完成改善者，廢止其全部或一部之合格證明書。

冒用、偽造或變造合格證明書者，依公路法第七十七條之一規定處罰。

第32-1條　申請者有下列情事之一時，其所持有之全部或一部底盤車型式登錄報告、審查報告或檢測報告失其效力；其所持有之合格證明書，審驗機構應報請交通部廢止其全部或一部合格證明書：

一、主動申請廢止或宣告失其效力者。

二、經審驗機構查明有事實足認無法製造、打造、進口車輛或裝置者。

經廢止之合格證明書或失其效力之報告，不得作為本辦法所定之申請資料。

第33條　依第二十八條第二項、第二十九條第四項、第三十條第四項、第三十一條第二項、第三十二條第一項規定廢止合格證明書及有第三十條第二項之情事者，該合格證明書所含各車型車輛，公路監理機關應停止辦理新登檢領照，申請者並應召回已登檢領照之車輛實施改正及辦理臨時檢驗。

前項車輛臨時檢驗應依下列原則辦理：

一、持經廢止之合格證明書之已登檢領照車輛，依其與合格證明書不符合情形由審驗機構判定必要之檢測項目，辦理少量車型安全審驗，並逐車取得合格證明書後辦理臨時檢驗，併同辦理使用中車輛變更登記。

二、申請者之改善措施，由審驗機構出具查驗合格報告並經交通部核定後，持憑交通部核定之查驗合格證明文件，逐車辦理臨時檢驗。但經審驗機構判定報經交通部同意可由公路監理機關查核檢驗者，得逕向公路監理機關辦理臨時檢驗。

三、申請者之改善措施，經審驗機構查驗符合車輛安全檢測基準規定且確認車輛型式無影響行車安全之虞者，由審驗機構報經交通部同意後，得以抽測或其他適當方式辦理臨時檢驗。依第二十八條第二項、第二十九條第四項、第三十條第四項、第三十一條第二項及第三十二條第一項規定廢止全部合格證明書者，依公路法第七十七條之一規定處罰。

第五章　附則

第34條　申請車輛型式安全審驗，其檢附之資料為中文或英文以外之其他外文資料者，另應附中文或英文譯本。

前項屬第八條第二項所列文件之中文或英文譯本，應經我駐外使領館、代表處、辦事處或國內公證人驗證。

第35條　辦理本辦法規定之各項安全檢測、監測、審查、審驗、型式登錄、實地評鑑、核驗及查核等相關費用，由申請者負擔。

依本辦法規定申請車輛型式安全審驗或檢測機構認可者，應於申請辦理時，向審驗機構繳交費用。

申請辦理車輛型式安全審驗或檢測機構認可，經審驗不合格或不予認可時，申請者所繳費用不予退還。

第36條　審驗機構辦理車輛型式安全審驗，其安全檢測報告、審查報告、審驗報告及相關技術文件應詳實記載，並至少應保存五年。

第37條　審驗機構辦理車輛型式安全審驗遇有疑義時，得邀集公路監理機關、專家學者及公會等相關代表，共同處理疑義案件及研議審驗相關事宜，且其會議結論或紀錄經交通部同意後，併同作為辦理車輛型式安全審驗之依據。

【與第三十七條相關之補充作業規定：99-01/MR37-01】

第38條　第七條第一項第三款國外已領照使用但未報廢之車輛，有保險、事故或安全性瑕疵回收紀錄者，應於其合格證明書、新領牌照登記書及行車執照標註「回收車輛」。

第39條　少量車型安全審驗之車輛辦理新領牌照登記、檢驗、領照時，應逐車繳交有效之少量車型安全審驗合格證明書正本。

第40條　本辦法施行前，原依「車輛型式安全及品質一致性審驗作業要點」及「車輛零組件型式安全及品質一致性審驗作業要點」取得之合格證明書、審驗報告及檢測機構認可證書，得沿用至有效期限屆滿為止，並得依本辦法規定辦理換發。

本辦法施行日起六個月內，申請者得以安全檢測報告及前項作業要點規定之品質一致性管制計畫書替代第六條規定之審查報告，向審驗機構申請審驗。

第41條　本辦法自發布日施行。

資料來源：https://www.vscc.org.tw/Home/List/10?page=1

附錄 **3-4**
品質一致性管制計畫書範例

品質一致性管制計畫書
【本範例僅供參考】
第一版

電動輔助自行車及電動自行車安全檢測基準項目：

02 車輛規格規定　　　　　　　17 方向燈
03 電子控制裝置　　　　　　　18 車寬燈（前（側）位置燈）
04 喇叭音量　　　　　　　　　19 尾燈（後（側）位置燈）
06 燈光與標誌檢驗規定　　　　20 煞車燈
07 間接視野裝置（照後鏡）安裝規定　21 反光標誌（反光片）
08 間接視野裝置）照後鏡）　　22 電磁相容性
09 腳架
10 整車疲勞強度
11 速率計
13 電動自行車控制器標誌
14 燈泡
15 氣體放電式頭燈
16 非氣體放電式頭燈

大章	小章

車輛廠牌：小林牌
公司名稱：實踐家股份有限公司
工廠住址：xx
制　　定：xx
審　　核：xx
發行日期：xx

品質一致性管制計畫書修訂紀錄表

修正項目目錄清單

版次	修正日期	頁數	說明修正內容	生效日期
A		XX	全文制定	108.01.01

目　錄

附錄三　條文要求

品質一致性管制計畫宣告書範例

02車輛規格規定、03電子控制裝置、04喇叭音量、06燈光與標誌檢驗規定、07間接視野裝置（照後鏡）安裝規定、09腳架、10整車疲勞強度、11速率計、13電動自行車控制器標誌、22電磁相容性（電動輔助自行車及電動自行車安全檢測基準項目別）

電動輔助自行車及電動自行車
品質一致性管制計畫宣告書

　　自本管制計畫書提出日起，本公司所有型式系列產品（廠牌：＿小林＿）之所有已登錄生產工廠，所建立之品質管理系統，已符合「電動輔助自行車及電動自行車型式安全審驗管理辦法」第九條第二項第三款及第四款之「品質一致性管制計畫書」內容要求，系統包含品質管制之方式、人員配置、檢驗設備維護保養與校正、抽樣檢驗比率、記錄方式、不合格情形之改善方式及其審驗合格標章管理之方式。檢附以下有效期限內之佐證文件：

	ISO證號	有效期限
1.	0168168	2020/10/31
2.		

本計畫書內容有任何變更時，本公司亦應主動提出更正。本公司並願意配合依「電動輔助自行車及電動自行車型式安全審驗管理辦法」規定執行品質一致性核驗（含成效報告核驗、及於各工廠之現場核驗與抽樣檢測）。

公司名稱：實踐家股份有限公司　　　　　　　（簽章）
負責人：林愛育　　　　　　　　　　　　　　（簽章）
日期：2019年XX月XX日

審驗合格標章管制辦法
【本範例僅供參考】

第一版

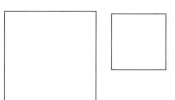

制　　定：
審　　核：
發行日期：

審驗合格標章管制辦法修訂紀錄表

版次	頁數	修正內容說明	生效日期

目　錄

附錄二

條文要求

271

一、前言

1. 目的：

　　爲使電動輔助自行車及電動自行車之審驗合格標章申請、保管、黏貼（含懸掛）、確認與遺失損毀補發等作業有規範依循，特訂定本規定。

2. 法源依據：

　2.1 電動輔助自行車及電動自行車型式安全審驗管理辦法（2016年5月3日版）

　2.2 電動輔助自行車及電動自行車安全檢測基準（2016年5月3日版）

二、適用範圍

　　凡本公司生產打造電動輔助自行車及電動自行車均適用之。

三、審驗合格標章管制之方式

1. 內容：

　1.1 申請作業

　　1.1.1 本公司指定品保單位爲審驗合格標章管理單位，品保單位人員爲審驗合格標章管理人員（簡稱保管人員）。由品保單位檢附「電動（輔助）自行車審查／審驗申請表」（表單編號：A01）向審驗機構提出審驗合格標章申請與領取。

　　1.1.2 審驗合格標章使用量達四分之三且後續仍有持續生產之需求時，檢驗單位得檢附申請表（表單編號：A10）向品保單位提出審驗合格標章申請。品保單位審核後，檢附「合格標章請領申請單」（表單編號：A02）向審驗機構提出申請，申請時應檢附前次請領合格標章四分之三使用情形說明，包含合格標章申請人資訊，並繳回損毀的合格標章（如有時適用）。

　　1.1.3 品保單位應留存向審驗機構申請的各次紀錄，記錄於「合格標章編號總表」（表單編號：A03）。

　1.2 保管作業

　　1.2.1 品保單位向審驗機構申請取得審驗合格標章後，應存放指定之保管庫房並上鎖管制，限由保管人員保管及領取，確保審驗合格標章得以妥善儲存及保護。

　　1.2.2 檢驗單位得填寫「合格標章領用申請表」（表單編號：A04）依需要向保管單位請領審驗合格標章，由保管人員及其主管審核後簽章發放，領取時保管單位需記錄於「合格標章領用登記表（表單編號：A05）」。

　　1.2.3 請領後，檢驗單位應妥善保管及使用審驗合格標章，如未於當週使用完畢者應交還保管單位，保管單位應清點標章剩餘數量及確認標章完整性後儲存，並記錄於「合格標章領用登記表（表單編號：A05）」。

　　1.2.4 保管人員應於每半年清查審驗合格標章及其領用紀錄。

1.3 黏貼／懸掛、確認

　　1.3.1 檢驗單位針對生產之電動自行車（電動輔助自行車）執行檢驗符合成車標準後，依交通部電動（輔助）自行車型式安全審驗合格證明規定之位置及方式懸掛（黏貼）對應車型之審驗合格標章（各車型審驗合格標章、懸掛（黏貼）位置及方式規定如附件），並逐車留存審驗合格標章懸掛（黏貼）記錄於「成車合格標章檢驗表（表單編號：A07）」管制。

　　1.3.2 成車完成出車後，由業務單位向購買人取得合格標章申請人資訊，並記錄於「合格標章登錄表（表單編號：A06）」。如資訊屬個人資訊，業務單位應依據個人資料保護法規定辦理。

　　1.3.3 檢驗單位及業務單位應於每月月底前將上述各項紀錄提供予保管單位，以供其彙整及留存審驗合格標章使用情形紀錄。

1.4 遺失損毀補發

　　1.4.1 審驗合格標章因搬運、事故或其他因素致發生毀損或遺失時，應由發生合格標章遺失損毀之單位向品保單位通報（如有需要時可依1.1.2程序申請補發），並依不合格管制程序處理填寫「品質異常處理單（表單編號：A09）」，分析發生原因，採取矯正及預防措施。

　　1.4.2 如屬審驗合格標章毀損者，應併同將毀損之審驗合格標章繳回保管單位留存，保管單位應將損毀之審驗合格標章擺放於紅色盒內，以利鑑別並避免誤用。

　　1.4.3 保管單位應將遺失損毀原因記錄於「合格標章毀損遺失管制表（表單編號：A08）」。

2. 本辦法所訂各項紀錄保存期限為5年。

權責單位	合格標章管理流程	使用表單
品管單位	申請合格標章	電動（輔助）自行車審查／審驗申請表（A01）
車輛安全審驗中心	審查及製作	合格標章請領申請單（A02） 審驗合格標章申請單（A10）
品管單位	保管合格標章	合格標章編號總表（A03）
品管單位／檢驗單位	領取合格標章	合格標章領用申請表（A04） 合格標章領用登記表（A05）
檢驗單位	黏貼(含懸掛)、確認	成車合格標章檢驗表（A07） 合格標章登錄表（A06）
品管單位／業務單位	完成車出車　　合格標章遺失損毀	合格標章請領申請單（A02） 合格標章毀損遺失管制表（A08） 品質異常處理單（A09）

電動（輔助）自行車審查／審驗申請表 　表單編號：A01

申請案總號：

申請廠商（者）名稱		申請日期	
申請廠商（者）地址			
工廠登記地址 （無工廠者免填）			
聯　　絡　　人		統一編號	
聯　　絡　　電　　話		傳真號碼	
電　子　信　箱			

申請類別	□1.審驗（請勾選D欄） □2.電動（輔助）自行車安全檢測基準項目審查（請勾選A、C欄） □3.品質一致性審驗（請勾選B欄） □4.合格標章申請（請勾選E欄） □5.實車抽驗（請勾選F欄）

A	電動（輔助）自行車安全檢測基準項目審查： □新案　□延伸　□變更　□補發　□其他＿＿＿＿＿（原案之申請案總號：＿＿＿＿＿）
B	品質一致性審驗： □品質一致性管制計畫書審查　□成效報告核驗　□現場核驗　□工廠查核　□其他＿＿＿＿

<table>
<tr><td rowspan="2">C</td><td colspan="3">申請電動（輔助）自行車安全檢測基準之項目名稱</td></tr>
<tr>
<td>□02車輛規格規定
□03電子控制裝置
□04喇叭音量
□06燈光與標誌檢驗規定
□07間接視野裝置（照後鏡）安裝規定
□08間接視野裝置（照後鏡）</td>
<td>□09腳架
□10整車疲勞強度
□11速率計
□13電動自行車控制器標誌
□14燈泡
□15氣體放電式頭燈
□16非氣體放電式頭燈</td>
<td>□17方向燈
□18車寬燈（前（側）位置燈）
□19尾燈（後（側）位置燈）
□20煞車燈
□21反光標誌（反光片）
□22電磁相容性</td>
</tr>
</table>

D	1.電動輔助自行車型式安全審驗： 2.電動自行車型式安全審驗：	□新案 □延伸 □換發 □車輛規格規定監測（地點：＿＿） □新案 □延伸 □換發 □車輛規格規定監測（地點：＿＿）

E	□1.電動輔助自行車（核准字號：＿＿＿＿＿），車型代碼：＿＿＿＿＿，共計＿＿＿＿張
	□2.電動自行車（核准字號：＿＿＿＿＿），車型代碼：＿＿＿＿＿，共計＿＿＿＿張

F	□實車抽驗

審驗 單位主管		審查 單位主管		監測／查核 單位主管		業　務 承辦人員	
合計費用	新台幣　　拾　　萬　　仟　　佰　　拾　　元整						

備 註	1.請於整份申請文件加蓋（簽）正式登錄之公司大小章或簽名。 2.申請案總號及陰影部分請勿填寫，由本中心處理。 3.申請廠商（者）地址即是報告收件地址，須為公司登記證明文件地址。 4.若因本申請案產生任何爭議、涉訟事宜，雙方同意以台灣彰化地方法院為第一審管轄法院。

合格標章請領申請單

申請者名稱：

核准字號：

車輛廠牌：

車輛型式：

車型代碼：　　　　　　　　　　　　　　　　　　　　日期：

項次	合格標章編號	車架號碼	申請人	地址	電話

備註：本表可自行擴充使用。

合格標章編號總表

車輛型式：

車型代碼：

日期	合格標章起訖編號	總數量	品保部	
			保管人員	單位主管

附錄三　條文要求

合格標章領用申請表

車輛型式：
車型代碼：

日期	申請原因 （請領、繳回）	數量	總數量	請領單位		保管人員
				承辦人員	單位主管	

合格標章領用登記表

車輛型式：

車型代碼：

日期	合格標章起訖編號	領取數量	繳回數量	餘量小計	品保部	
					保管人員	單位主管

合格標章登錄表

車輛型式：

車型代碼：

日期：

記錄者：

項次	合格標章編號	車架號碼	申請人	地址	電話

成車合格標章檢驗表

日期		成車是否為檢驗合格且規格與合格證明書一致	是□　否□
車輛型式		是否使用正確之合格標章	是□　否□
車型代碼		合格標章黏貼位置及方式是否正確	是□　否□
車架號碼		執行人員	

全車照片	審驗合格標章懸掛（黏貼）局部照片
	車架號碼照片

附錄三　條文要求

281

合格標章毀損遺失管制表

表單編號：A08

車輛型式：

車型代碼：

項次	日期	車架號碼	合格標章號碼	遺失毀損原因	品質異常處理單編號	保管人員
1						
2						
3						
4						
5						
6						
7						
8						
9						
10						
11						
12						
13						
14						
15						
16						
17						
18						
19						
20						

品質異常處理單

不良現象	件名		提出日期		重要等級	□保安
						□法規
	車身號碼		回覆日期			□一般

不良原因描述及略圖：

| 提出單位 | | 承辦 | | 審核 | |

原因分析及矯正預防措施

| 1.調查結果〈5M〉： | 2.問題發生真因： |
| 3.應急對策： | 4.矯正預防措施： |

| 責任單位 | | 承辦 | | 審核 | |

品管效果確認

| 期間 | | 判定 | □合格　□不合格 |
| 確認結果 | | | |

承辦：＿＿＿＿＿＿＿＿＿＿　　審核：＿＿＿＿＿＿＿＿＿＿

電動（輔助）自行車審驗合格標章申請單

表單編號：A10

合格標章申請	車輛型式		提出日期		請領人員	
	車型代碼		申請數量		主管審核	
	申請原因描述：					

保管人員：＿＿＿＿＿＿＿＿＿　　　主管審核：＿＿＿＿＿＿＿＿＿

附件　各車型審驗合格標章、懸掛（黏貼）位置及方式

車輛型式	
車型代碼	
整車照片	
合格標章樣式、懸掛（黏貼）位置及方式	
備註	

附錄 **3-7**
公共工程施工品質管理作業要點

圖解國際標準驗證ISO 9001:2015實務

286

中華民國八十五年十二月十三日行政院公共工程委員會（八五）工程管字第二七二一號函訂定
中華民國八十七年五月二十九日行政院公共工程委員會（八七）工程管字第八七○六二六○號函修正
中華民國八十八年十月四日行政院公共工程委員會（八八）工程管字第八八一五四九七號函修正
中華民國九十一年三月十八日行政院公共工程委員會（九一）工程管字第九一○一○四四九號令修正
中華民國九十三年七月三十日行政院公共工程委員會工程管字第○九三○○三三七九○號函修正
中華民國九十六年九月二十日行政院公共工程委員會工程管字第○九六○○三八二○八○號函修正
中華民國一○一年二月十四日行政院公共工程委員會工程管字第一○一○○五○二三○號函修正
中華民國一○二年六月六日行政院公共工程委員會工程管字第一○二○○二○一四九○號函修正
中華民國一○三年十二月二十九日行政院公共工程委員會工程管字第一○三○○四五二九四○號函修正
中華民國一○六年六月十六日行政院公共工程委員會工程管字第一○六○○一八四七七○號函修正
中華民國一○八年四月三十日行政院公共工程委員會工程管字第一○八○三○○一八八號函修正

一、行政院公共工程委員會（以下簡稱工程會）爲提升公共工程施工品質，確保公共工程施工成果符合其設計及規範之品質要求，並落實政府採購法第七十條工程採購品質管理及行政院頒「公共工程施工品質管理制度」之規定，爰訂定本要點。

二、行政院暨所屬各級行政機關、公立學校及公營事業機構（以下簡稱機關）辦理工程採購，其施工品質管理作業，除法令另有規定外，依本要點之規定。
本要點所定工程金額係指採購標案預算金額，如爲複數決標則爲各項預算金額。

三、機關辦理新臺幣一百萬元以上工程，應於招標文件內訂定廠商應提報品質計畫。品質計畫得視工程規模及性質，分整體品質計畫與分項品質計畫二種。整體品質計畫應依契約規定提報，分項品質計畫得於各分項工程施工前提報。未達新臺幣一千萬元之工程僅需提送整體品質計畫。
整體品質計畫之內容，除機關及監造單位另有規定外，應包括：

（一）新臺幣五千萬元以上工程：計畫範圍、管理權責及分工、施工要領、品質管理標準、材料及施工檢驗程序、自主檢查表、不合格品之管制、矯正與預防措施、內部品質稽核及文件紀錄管理系統等。

（二）新臺幣一千萬元以上未達五千萬元之工程：計畫範圍、管理權責及分工、品質管理標準、材料及施工檢驗程序、自主檢查表及文件紀錄管理系統等。

（三）新臺幣一百萬元以上未達一千萬元之工程：管理權責及分工、材料及施工檢驗程序及自主檢查表等。

工程具機電設備者，並應增訂設備功能運轉檢測程序及標準。

分項品質計畫之內容，除機關及監造單位另有規定外，應包括施工要領、品質管理標準、材料及施工檢驗程序、自主檢查表等項目。

品質計畫內容之製作綱要，由工程會另定之。

四、機關辦理新臺幣二千萬元以上之工程，應於工程招標文件內依工程規模及性質，訂定下列事項。但性質特殊之工程，得報經工程會同意後不適用之：

（一）品質管理人員（以下簡稱品管人員）之資格、人數及其更換規定；每一標案最低品管人員人數規定如下：

1.新臺幣二千萬元以上未達二億元之工程，至少一人。

2.新臺幣二億元以上之工程，至少二人。

（二）新臺幣五千萬元以上之工程，品管人員應專職，不得跨越其他標案，且契約施工期間應在工地執行職務；新臺幣二千萬元以上未達五千萬元之工程，品管人員得同時擔任其他法規允許之職務，但不得跨越其他標案，且契約施工期間應在工地執行職務。

（三）廠商應於開工前，將品管人員之登錄表（如附表一）報監造單位審查，並於經機關核定後，由機關填報於工程會資訊網路系統備查；品管人員異動或工程竣工時，亦同。

機關辦理未達新臺幣二千萬元之工程，得比照前項規定辦理。

五、品管人員，應接受工程會或其委託訓練機構辦理之公共工程品質管理訓練課程，並取得結業證書。

取得前開結業證書逾四年者，應再取得最近四年內之回訓證明，始得擔任品管人員。

前兩項之訓練課程、時數及實施方式，及前項回訓實施期程，由工程會另定之。

六、品管人員工作重點如下：

（一）依據工程契約、設計圖說、規範、相關技術法規及參考品質計畫製作綱要等，訂定品質計畫，據以推動實施。

（二）執行內部品質稽核，如稽核自主檢查表之檢查項目、檢查結果是否詳實記錄等。

（三）品管統計分析、矯正與預防措施之提出及追蹤改善。

（四）品質文件、紀錄之管理。

（五）其他提升工程品質事宜。

七、機關辦理新臺幣一百萬元以上且適用營造業法規定之工程，應於招標文件內訂定

有關營造廠商專任工程人員（主任技師或主任建築師）之下列事項：

（一）督察品管人員及現場施工人員，落實執行品質計畫，並填具督察紀錄表（參考格式如附表二）。

（二）依據營造業法第三十五條規定，辦理相關工作，如督察按圖施工、解決施工技術問題；查驗工程時到場說明，並於工程查驗文件簽名或蓋章等。

（三）依據工程施工查核小組作業辦法規定於工程查核時，到場說明。

（四）未依上開各款規定辦理之處理規定。

八、機關應視工程需要，指派具工程相關學經歷之適當人員或委託適當機構負責監造。

新臺幣一百萬元以上工程，監造單位應提報監造計畫。

監造計畫之內容除機關另有規定外，應包括：

（一）新臺幣五千萬元以上工程：監造範圍、監造組織及權責分工、品質計畫審查作業程序、施工計畫審查作業程序、材料與設備抽驗程序及標準、施工抽查程序及標準、品質稽核、文件紀錄管理系統等。

（二）新臺幣一千萬元以上未達五千萬元之工程：監造範圍、監造組織及權責分工、品質計畫審查作業程序、施工計畫審查作業程序、材料與設備抽驗程序及標準、施工抽查程序及標準、文件紀錄管理系統等。

（三）新臺幣一百萬元以上未達一千萬元之工程：監造組織及權責分工、品質計畫審查作業程序、施工計畫審查作業程序、材料與設備抽驗程序及標準、施工抽查程序及標準等。

工程具機電設備者，並應增訂設備功能運轉測試等抽驗程序及標準。

監造計畫內容之製作綱要，由工程會另定之。

九、機關委託監造，應於招標文件內訂定下列事項：

（一）監造單位派駐現場人員之資格及人數，並依據監造計畫執行監造作業。其未能有效達成品質要求時，得隨時撤換之。

（二）廠商監造不實或管理不善，致機關遭受損害之責任及罰則。

（三）監造單位之建築師或技師，應依據工程施工查核小組作業辦法規定，於工程查核時到場說明。

（四）未依前款規定辦理之處理規定。

十、機關辦理新臺幣五千萬元以上之工程，其委託監造者，應於招標文件內訂定下列事項。但性質特殊之工程，得報經工程會同意後不適用之：

（一）監造單位應比照第五點規定，置受訓合格之現場人員；每一標案最低人數規定如下：

1.新臺幣五千萬元以上未達二億元之工程，至少一人。

2.新臺幣二億元以上之工程，至少二人。

（二）前款現場人員應專職，不得跨越其他標案，且監造服務期間應在工地執行職務。

（三）監造單位應於開工前，將其符合第一款規定之現場人員之登錄表（如附表

　　　　三）經機關核定後，由機關填報於工程會資訊網路備查；上開人員異動或
　　　　工程竣工時，亦同。
　　機關辦理未達新臺幣五千萬元之工程，得比照前項規定辦理。
　　機關自辦監造者，其現場人員之資格、人數、專職及登錄規定，比照前二項規定
辦理。但有特殊情形，得報經上級機關同意後不適用之。

十一、監造單位及其所派駐現場人員工作重點如下：
　　（一）訂定監造計畫，並監督、查證廠商履約。
　　（二）施工廠商之施工計畫、品質計畫、預定進度、施工圖、施工日誌（參考
　　　　　格式如附表四）、器材樣品及其他送審案件之審核。
　　（三）重要分包廠商及設備製造商資格之審查。
　　（四）訂定檢驗停留點，辦理抽查施工作業及抽驗材料設備，並於抽查（驗）
　　　　　紀錄表簽認。
　　（五）抽查施工廠商放樣、施工基準測量及各項測量之成果。
　　（六）發現缺失時，應即通知廠商限期改善，並確認其改善成果。
　　（七）督導施工廠商執行工地安全衛生、交通維持及環境保護等工作。
　　（八）履約進度及履約估驗計價之審核。
　　（九）履約界面之協調及整合。
　　（十）契約變更之建議及協辦。
　　（十一）機電設備測試及試運轉之監督。
　　（十二）審查竣工圖表、工程結算明細表及契約所載其他結算資料。
　　（十三）驗收之協辦。
　　（十四）協辦履約爭議之處理。
　　（十五）依規定填報監造報表（參考格式如附表五）。
　　（十六）其他工程監造事宜。
　　前項各款得依工程之特性及實際需要，擇項訂之。如屬委託監造者，應訂定於
招標文件內。

十二、機關辦理新臺幣一百萬元以上工程，應於工程及委託監造招標文件內，分別訂
　　　定下列事項：
　　（一）鋼筋、混凝土、瀝青混凝土及其他適當檢驗或抽驗項目，應由符合CNS
　　　　　17025（ISO/IEC 17025）規定之實驗室辦理，並出具檢驗或抽驗報告。
　　（二）前款檢驗或抽驗報告，應印有依標準法授權之實驗室認證機構之認可標
　　　　　誌。
　　自辦監造者，應比照前項規定辦理。

十三、機關辦理新臺幣一百萬元以上工程，應於相關採購案之招標文件內，依工程規
　　　模及性質編列品管費用及材料設備抽（檢）驗費用。
　　品管費用內得包含品管人員及行政管理費用。
　　品管費用之編列，以招標文件內品管人員設置規定為依據，其訂有專職及人數
等規定者，以人月量化編列為原則；未訂有專職及人數等規定者，以百分比法
編列為原則。
　　前項品管費用之編列方式如下：

（一）人月量化編列：品管費用＝〔（品管人員薪資×人數）＋行政管理費〕×工期。品管人員薪資得包含經常性薪資及非經常性薪資；工期以品管人員執行契約約定職務之工作期間計算。

（二）百分比法編列：發包施工費（直接工程費）之百分之零點六至百分之二。

材料設備抽（檢）驗費用應單獨量化編列。廠商所需之檢驗費用應於工程招標文件內編列。監造單位所需之抽驗費用，機關委託監造者，應於委託監造招標文件內編列；設計及監造一併委託者或自辦監造者，應於相關工程管理預算內編列。以上抽（檢）驗費用如係機關自行支付，得免於招標文件內編列。

契約規定以外之查驗、測試、抽驗或檢驗，其結果不符合契約規定者，由廠商負擔所生之費用；結果相符者，由機關負擔費用。

機關除另有規定外，應依工程規模及性質於相關採購案之招標文件內訂定材料設備之抽（檢）驗、實驗室遴選及抽（檢）驗費用支付等規定：

（一）廠商應依品質計畫，辦理相關材料設備之檢驗，由廠商自行取樣、送驗及判定檢驗結果；如涉及契約約定之檢驗，應由廠商會同監造單位取樣、送驗，並由廠商及監造單位依序判定檢驗結果，以作為估驗及驗收之依據。

（二）監造單位得於監造計畫明訂材料設備抽驗頻率，由監造單位會同廠商取樣、送驗，並由監造單位判定抽驗結果。

（三）實驗室遴選得由機關指定或由機關審查核定；抽（檢）驗費用得由機關、廠商或監造單位支付，或機關以代收代付方式辦理。

十四、機關於新臺幣一百萬元以上工程開工時，應將工程基本資料填報於工程會指定之資訊網路系統，並應於驗收完成後十五日內，將結算資料填報於前開系統。

十五、機關應隨時督導工程施工情形，並留存紀錄備查。機關或其上級機關另得視工程需要設置工程督導小組，隨時進行施工品質督導工作。

機關發現工程缺失時，應即以書面通知監造單位或廠商限期改善。

十六、機關應依本要點第四點及第十點，於工程及委託監造招標文件內，分別訂定品管人員或監造單位受訓合格之現場人員有下列情事之一者，由機關通知廠商限期更換並調離工地，並由機關填報於工程會資訊網路系統備查：

（一）未實際於工地執行品管或監造工作。

（二）未能確實執行品管或監造工作。

（三）工程經工程施工查核小組查核列為丙等，可歸責於品管或監造單位受訓合格現場人員者。

十七、廠商有施工品質不良、監造不實或其他違反本要點之情事，機關得依契約規定暫停發放工程估驗款、扣（罰）款或為其他適當之處置，並得依政府採購法第一百零一條至第一百零三條規定處理。

十八、各機關得依本要點，另訂定有關之作業規定。直轄市政府、縣（市）政府及鄉（鎮、市）公所辦理工程採購，其施工品質管理作業，除法令另有規定外，得比照本要點之規定辦理。

廠商品管人員登錄表

填報日期：

工程標案名稱				工程標案電腦編號		
工程地點		開工日期		預計完工日期		
決標金額	（千元）	品管費用	（千元）	工地聯絡人及電話		
工程主辦機關			承辦人	姓名		
				電話		
監造單位			廠商			

品管人員	姓名	專長	身分證號	受訓期別	進駐／解職日期	回訓期別

請勾選一項	□第一次登錄　　□異動（原因：　　　　　　　　　　　　　　）

備註	一、「專長欄」須填寫與工作性質及學經歷相符之專長，如建築、土木、機電、環工等。 二、廠商第一次登錄品管人員須檢附下列資料函報監造單位審查，並由機關上網登錄： 　1.行政院公共工程委員會核發之品管人員結業證書、回訓證明影印本（正本提出相驗） 　2.品管人員符合工作項目之相關學、經歷一覽表（含工作內容）（縮印至A4） 　3.本表 三、品管人員異動時，提報程序與檢附資料亦同。 四、工程竣工時，請廠商函請機關上網登錄異動，俾其他工程登錄品管人員。

行政院公共工程委員會　　電話(02)87897500

公共工程施工中營造業專任工程人員督察紀錄表

編號：

一、工程名稱					
二、工程主辦機關					
三、承攬廠商					
四、填表日期	年　　月　　日　　時				
五、工程進度概述		預定進度（%）			
		實際進度（%）			

六、督察按圖施工 （營造業法第35條第3款）	督察項目	督察結果		辦理情形	備註
		合格	缺失		
	（一）放樣工程				
	（二）地質改良工程				
	（三）假設工程（含施工架）				
	（四）基礎工程				
	（五）模板工程				
	（六）混凝土工程				
	（七）鋼筋（鋼構）工程				
	（八）基地環境雜項工程				
	（九）主要設備工程				
	（十）其他				

七、處理下列之一事項概述：(1)施工技術指導及施工安全(2)解決施工技術問題(3)依工地主任之通報，處理工地緊急異常狀況（營造業法第3條第9款、第35條第3及4款）	
八、施工中發現顯有立即危險之虞，應即時為必要之措施之情形（營造業法第38條）	
九、向營造業負責人報告事項之記載（營造業法第37條）	
十、其他契約約定專任工程人員應辦事項辦理情形	
十一、督察簽章：【專任工程人員：□主任技師□主任建築師】	

註：1.本表格式僅供參考，各機關亦得依工程性質及約定事項自行增訂之。

　　2.本表填報時機如下：(1)依營造業法第41條第1項規定辦理勘驗或查驗工程時。(2)公共工程施工日誌填表人提請專任工程人員解決施工技術問題。(3)專任工程人員依營造業法第35條第3款規定督察按圖施工時。(4)各機關於契約中約定。

　　3.有關上開填報時機及頻率，應明示於施工計畫書中。

　　4.公共工程屬建築物者，請依內政部最新訂頒之「建築物施工中營造業專任工程人員督察紀錄表」填寫。

監造單位現場人員登錄表

填報日期：

工程標案名稱				工程標案電腦編號	
工程地點		開工日期		預計完工日期	
決標金額	（千元）	監造費用	（千元）	工地聯絡人及電話	
工程主辦機關			承辦人	姓名	
				電話	
監造單位			廠商		

現場人員（受訓合格）	姓名	專長	身分證號	受訓期別	進駐／解職日期	回訓期別

請勾選一項	□第一次登錄　　□異動（原因：　　　　　　　　　　　　　　　）
備註	一、「專長欄」須填寫與工作性質及學經歷相符之專長，如建築、土木、機電、環工等。 二、委辦監造單位第一次登錄須檢附下列資料函報機關審查，並由機關上網登錄： 　　1.行政院公共工程委員會核發之公共工程品質管理訓練課程結業證書或回訓證明影印本（正本提出相驗） 　　2.現場人員符合工作項目之相關學、經歷一覽表（含工作內容）（縮印至A4） 　　3.本表 三、現場人員異動時，提報程序與檢附資料亦同。 四、工程竣工時，請委辦監造單位函請機關上網登錄異動，俾其他工程登錄上開人員。

行政院公共工程委員會　　電話(02)87897500

公共工程施工日誌

表報編號：

本日天氣：上午： 下午： 填表日期： 年 月 日（星期 ）

工程名稱				承攬廠商名稱			
核定工期	天	累計工期	天	剩餘工期	天	工期展延天數	天
開工日期	年 月 日			完工日期		年 月 日	
預定進度（%）				實際進度（%）			

一、依施工計畫書執行按圖施工概況（含約定之重要施工項目及完成數量等）：

施工項目	單位	契約數量	本日完成數量	累計完成數量	備註
營造業專業工程特定施工項目					
A.					
B.					

二、工地材料管理概況（含約定之重要材料使用狀況及數量等）：

材料名稱	單位	契約數量	本日使用數量	累計使用數量	備註

三、工地人員及機具管理（含約定之出工人數及機具使用情形及數量）：

工別	本日人數	累計人數	機具名稱	本日使用數量	累計使用數量

四、本日施工項目是否有須依「營造業專業工程特定施工項目應置之技術士種類、比率或人數標準表」規定應設置技術士之專業工程：□有 □無（此項如勾選「有」，則應填寫後附「公共工程施工日誌之技術士簽章表」）

五、工地職業安全衛生事項之督導、公共環境與安全之維護及其他工地行政事務：

（一）施工前檢查事項：

1.實施勤前教育（含工地預防災變及危害告知）：□有 □無

2.確認新進勞工是否提報勞工保險（或其他商業保險）資料及安全衛生教育訓練紀錄：□有 □無 □無新進勞工

3.檢查勞工個人防護具：□有 □無

（二）其他事項：

六、施工取樣試驗紀錄：
七、通知協力廠商辦理事項：
八、重要事項記錄：
簽章：【工地主任】（註3）：

註：1.依營造業法第32條第1項第2款規定，工地主任應按日填報施工日誌。

2.本施工日誌格式僅供參考，惟原則應包含上開欄位，各機關亦得依工程性質及契約約定事項自行增訂之。

3.本工程依營造業法第30條規定須置工地主任者，由工地主任簽章；依上開規定免置工地主任者，則由營造業法第32條第2項所定之人員簽章。廠商非屬營造業者，由工地負責人簽章。

4.契約工期如有修正，應填修正後之契約工期，含展延工期及不計工期天數；如有依契約變更設計，預定進度及實際進度應填變更設計後計算之進度。

5.上開重要事項記錄包含(1)主辦機關及監造單位指示(2)工地遇緊急異常狀況之通報處理情形(3)本日是否由專任工程人員督察按圖施工、解決施工技術問題等。

6.上開施工前檢查事項所列工作應由職業安全衛生管理辦法第3條規定所置職業安全衛生人員於每日施工前辦理（檢查紀錄參考範例如附工地職業安全衛生施工前檢查紀錄表），工地主任負責督導及確認該事項完成後於施工日誌填載。

7.公共工程屬建築物者，請依內政部最新訂頒之「建築物施工日誌」填寫。

公共工程施工日誌之技術士簽章表

專業工程項目：				應置技術士人數：	
技術士種類	人數	技術士姓名	技術士證書字號	技術士簽名或蓋章	備註
A					
B					
C					
D					
E					
F					

工地職業安全衛生施工前檢查紀錄表

工程名稱		檢查日期		年　　月　　日
承攬廠商		檢查地點		

檢查項目	檢查結果		缺失及改善情形
	合格	不合格	
1.是否實施勤前教育（含工地預防災變及危害告知）			
2.新進勞工是否提報勞工保險（或其他商業保險）資料及安全衛生教育訓練紀錄			
3.勞工是否確實配戴個人防護具			
以下依個案需求自行擴充			

檢查人員：

說明：1.本表提供廠商每日施工前辦理安全衛生自主檢查使用，表列為每日必檢查之項目，由檢查人員確實檢查簽認，並回報工地主任。

　　　2.檢查人員應由職業安全衛生管理辦法第3條規定所置職業安全衛生人員擔任，前述檢查缺失應立即改善完成，未檢查合格者，廠商不得使其進場施工。

　　　3.本表得依工程個案需求自行增列其他檢查項目。

公共工程監造報表

附表五

表報編號：

本日天氣：上午： 下午： 填報日期： 年 月 日（星期 ）

工程名稱							
契約工期	天	開工日期		預定完工日期		實際完工日期	
契約變更次數		次	工期展延天數		天	契約金額	原契約：
預定進度（%）			實際進度（%）				變更後契約：

一、工程進行情況（含約定之重要施工項目及數量）：

二、監督依照設計圖說及核定施工圖說施工（含約定之檢驗停留點及施工抽查等情形）：

三、查核材料規格及品質（含約定之檢驗停留點、材料設備管制及檢（試）驗等抽驗情形）：

四、督導工地職業安全衛生事項：

（一）施工廠商施工前檢查事項辦理情形：□完成 □未完成

（二）其他工地安全衛生督導事項：

五、其他約定監造事項（含重要事項紀錄、主辦機關指示及通知廠商辦理事項等）：

監造單位簽章：

註：1.監造報告表原則應包含上述欄位；惟若上述欄位之內容業詳載於廠商填報之施工日誌，並按時陳報監造單位核備者，則監造報表之該等欄位可載明參詳施工日誌。

2.本表原則應按日填寫，機關另有規定者，從其規定；若屬委外監造之工程，則一律按日填寫。未達新臺幣五千萬元或工期為九十日曆天以下之工程，得由機關統一訂定內部稽查程序及監造報告表之填報方式與週期。

3.本監造報告表格式僅供參考，各機關亦得依契約約定事項，自行增訂之。

4.契約工期如有修正，應填修正後之契約工期，含展延工期及不計工期天數；如有依契約變更設計，預定進度及實際進度應填變更設計後計算之進度。

5.公共工程屬建築物者，仍應依本表辦理。惟該工程之監造人（建築師），應另依內政部最新訂頒之「建築物（監督、查核）報告表」填報。

國家圖書館出版品預行編目資料

圖解國際標準驗證ISO 9001：2015實務／林澤
宏，孫政豐編著. -- 三版. -- 臺北市：五
南圖書出版股份有限公司, 2024.03
　　面；　公分
ISBN 978-626-393-127-5（平裝）

1.CST: 品質管理　2.CST: 標準

494.56　　　　　　　　　　113002338

5A23

圖解國際標準驗證
ISO 9001：2015實務

作　　　者 ― 林澤宏（119.6）　孫政豐（176.6）

發 行 人 ― 楊榮川

總 經 理 ― 楊士清

總 編 輯 ― 楊秀麗

副總編輯 ― 王正華

責任編輯 ― 張維文

封面設計 ― 封怡彤

出 版 者 ― 五南圖書出版股份有限公司

地　　　址：106台北市大安區和平東路二段339號4樓

電　　　話：(02)2705-5066　　傳　　真：(02)2706-6100

網　　　址：https://www.wunan.com.tw

電子郵件：wunan@wunan.com.tw

劃撥帳號：01068953

戶　　　名：五南圖書出版股份有限公司

法律顧問　林勝安律師

出版日期　2019年 2 月初版一刷
　　　　　2021年10月二版一刷
　　　　　2024年 3 月三版一刷

定　　　價　新臺幣450元

經典永恆・名著常在

五十週年的獻禮 —— 經典名著文庫

五南，五十年了，半個世紀，人生旅程的一大半，走過來了。
思索著，邁向百年的未來歷程，能為知識界、文化學術界作些什麼？
在速食文化的生態下，有什麼值得讓人雋永品味的？

歷代經典・當今名著，經過時間的洗禮，千錘百鍊，流傳至今，光芒耀人；
不僅使我們能領悟前人的智慧，同時也增深加廣我們思考的深度與視野。
我們決心投入巨資，有計畫的系統梳選，成立「經典名著文庫」，
希望收入古今中外思想性的、充滿睿智與獨見的經典、名著。
這是一項理想性的、永續性的巨大出版工程。
不在意讀者的眾寡，只考慮它的學術價值，力求完整展現先哲思想的軌跡；
為知識界開啟一片智慧之窗，營造一座百花綻放的世界文明公園，
任君遨遊、取菁吸蜜、嘉惠學子！